植 [illegible]

ひと[illegible]。

―駅から、知らない町へ。―

Ⅲ

井野上一寿

幻冬舎 MC

まえがき

駅名
JR 鶴見線
昭和駅

植物名
セイタカアワダチソウ

昭和駅から　こんにちは

3冊目の書き出しに「昭和駅」を持ってきました。何事もうまくいかなかった、我が人生の大半を占めた昭和時代。明治だけでなく、昭和も遠くなりました。

この2年間は「コロナ」に振り回され、遠くへ出られず、20年も前の古い話と、埼玉近辺の地味な駅の繰り返しばかりになってしまいました。

今回も、植物散歩のお好きな皆様に、缶ビールでも片手に、パラパラッと見て頂ければ幸いです。ボソボソどうでもいい独り言、平凡なページの繰り返しで、誠に恐縮でございますが、よろしくお願い申し上げます。

鶴見線

昭和駅の周辺は、大小の運河で仕切られた工場地帯。前から気になっていた「昭和駅」。昭和という駅名なので大きな駅を想像していたのですが、目立たない小さな駅でした。神奈川県川崎市。昭和6（1931）年開業。

昭和駅、浅野駅、安善駅などの鶴見線の駅名は、創業当時、自費で鉄道を敷設した、企業名や実業家名に由来しているそうです。

鶴見線は都心からも近く、鉄道ファンには魅力のある路線だと思います。自分は植物を見に行く移動手段であって、鉄道ファンではないのですが、創業当時からの鶴見線の歴史を見ると、なかなか魅力のある面白い路線です。

セイタカアワダチソウ

鶴見線沿線には、帰化のセイタカアワダチソウが、今を盛りと咲いています。殺風景な鉄道の敷地を明るくしていました。

この花は、褒められたり、けなされたり、いつも話題を提供する北アメリカ原産のキク科の帰化植物です。

秋になると、全国の鉄道沿い、川沿い、道路沿いを黄色く染めていますが、蜂蜜の重要な蜜源植物でもあるそうです。

鶴見線の昭和駅

セイタカアワダチソウと手前はメリケンカルカヤ

もくじ

※線名は代表的なもの、または訪れたときに利用したものを記載。

1	駅名	植物名	訪れた時期
	銚子電気鉄道線 **笠上黒生駅**	イラクサ科 **ラセイタソウ**	2002年8月中旬

笠《かさ》上《がみ》黒《くろ》生《はえ》駅

海の近くの植物を見に犬吠埼に出掛けた。銚子駅から銚子電気鉄道線に乗ったのだが、天気が悪いので急ぐ必要もなく、予定しなかった笠上黒生駅で途中下車した。おもしろい駅名だ。駅の近くに「笠上」と「黒生」の地名があるので、これを重ねたのだろう。

その後、旅の雑誌に「笠上黒生駅」の駅名を、愛称として「髪毛黒生駅」「カミノケクロハエ」にしたと出ていた。遊び心があっていいネーミングだ。

ラセイタソウ（イラクサ科）

大きくてたっぷりのラセイタソウの大株を海沿いのススキの中で見付けた。ラセイタソウを見ると海に来たのだなと実感が湧く。ゴワゴワの葉っぱ、実に存在感のある野草だ。

ラセイタソウ

ラセイタソウは日本の固有種で、多年草だ。分布は北海道南部から近畿地方の太平洋側、特に関東地方南部の海岸に多いと図鑑には出ている。

荒天の犬吠埼

海沿いを歩く。涼しい、８月のお盆休みとはいえない、寒いくらいの陽気で、20度くらいかも知れない。いつ廃線になるかも分からないような銚子電気鉄道線に乗り、荒天の中、海沿いの集落を訪ねた。野性味たっぷりの犬吠埼を久しぶりに見た。

2	駅名	植物名	訪れた時期
	JR 函館本線 **札幌駅**	**ニンジンとゴボウ**	2004年8月中旬

札幌駅

札幌駅は、超近代的な駅舎なので撮るのを止めた。ビール工場の方が、札幌らしくていい建物だ。創業が明治9年と書いてある

空港から電車で札幌へ。特別な目的はなかったのだが、ただ札幌をぶらつきたくて、いつもの2泊3日の急ぎ旅を計画。束の間だけど、遠くへ来ると気持ちが軽くなってありがたい。帰ればまた、4～5日で元に戻ってしまうのだが……。

札幌は大都会、碁盤の目のように整然と整備されて、街を歩いても分かりやすい。まずは、サッポロビールとサッポロ味噌ラーメンを。沖縄のときはオリオンビールと沖縄ソバ、名古屋では味噌かつ丼とセットのきし麺を、いつも注文している。

ニンジンとゴボウ

この時期、どこを歩いても「ノラニンジン」にぶつかる。ブタナにも、ゴボウにも。公園、空き地、道路脇に生え、植物好きの目を楽しませてくれる。

ノラニンジンは、ヨーロッパ原産の帰化植物で、ニンジンの野生種だが、根は太くならないと図鑑には出ている。北海道で初めて見たのだが、東京でもマレに見るようになった。

ノラニンジン

花を付けた小さなゴボウが、歩道のスキマから出ているのを、北大の構内で何カ所も見た。東京や埼玉ではゴボウが野生化しているのを見ることはない。

ゴボウの花

モエレ沼公園

イサムノグチの設計で、札幌市郊外にある広大な公園、元はゴミ捨て場だった沼を埋め立てて公園にした所で、公園の周囲には沼がまだ残っている。イサムノグチさんは公園の完成を見ずに84歳で亡くなっている

3

駅名
屋久島
屋久島空港

植物名
ユズリハ科
ヒメユズリハ

訪れた時期
2005年1月上旬

屋久島空港

2005年正月の5日、寒い寒い、埼玉の所沢から逃れ来て、鹿児島空港乗り換えで、暖かい屋久島に到着した。

縄文杉のある山の方へは行かず、海沿いを歩いた。宮之浦岳には雪が少し見えるが、宿近くの暖かい南国での植物散歩。いつもの2泊3日の急ぎ旅では、ゆっくりできず、残念といえば残念。

ヒメユズリハ（姫譲葉　ユズリハ科）

門松などの正月飾りに、ヒメユズリハが使われていた。近くの海沿いの樹林内のあちこちに自生している。他にはマンリョウ、シラタマカズラ、フウトウカズラ、アオノクマタケランを見た。

しめ縄にもヒメユズリハが使われている

道端にはツワブキ、シロノセンダングサ、ムラサキカッコアザミが、道路脇の家々の花壇には赤いハイビスカスやポインセチアが咲き、パパイアには大きな実が付いていた、1月とは思えない南国の華やかさもまたいいものだ。

ヒメユズリハ

立派な門松。クマタケランやストレチア、
ヒメユズリハの大枝が見える

永田浜

4

● 駅名
種子島
種子島空港

● 植物名
ショウガ科
ゲットウ

● 訪れた時期
2006年6月中旬

種《たね》子《が》島《しま》空港

種子島空港

鹿児島から飛行機のはずだったが、悪天候のため種子島行きは欠航になってしまい、空港からバスで港まで大雨の中を移動した。高速船で種子島へ、港から空港へ行きレンタカーを受け取り、今晩の宿まで大雨の中、初めての道を走る。予定が3時間ほどずれてしまったが、雨は段々と小降りになり、西の空が少し明るくなってきた。

ゲットウ（月桃　ショウガ科）

20年ほど前に奄美大島で初めて見たゲットウと、今回種子島で初めて見たクマタケラン。南の島の魅力。どちらも南九州から南西諸島に分布する自生の植物で、園芸種ではなさそうだ。

ゲットウ

ゲットウは葉の香りが良く、餅や米などを包む材料に使われ、陽の当たる庭や畑のふちなどに植わっているが、今回初めて見たクマタケランは、日陰のやぶの中にひっそりと咲いているように見えた。

クマタケラン

種子島

2005年の屋久島は丸い山の島だったが、種子島は細長い地形で緩やかな畑地が続く、農業の盛んな島のようだ。水田もありサツマイモ、サトウキビ、タバコの畑を見た。

島の南端近くには宇宙センターがあった。かなり大きな島で、いつもの2泊3日の急ぎ旅では、次の日は晴れたが、島の半分も回れなかった。

5	駅名	植物名	訪れた時期
	JR中央本線 **藤野駅 ①**	**陣馬山の春の花**	2008年4月上旬

藤野駅

藤野駅

陽ざしの暖かい4月上旬、藤野駅で降りる。今日も、駅のホームの南側に「みどりのラブレター」というアートが見える。藤野駅を通過する中央線の行き帰りに見え、藤野駅のシンボル的な景観になっている。ゆっくり準備し、駅前からバスで陣馬山へ向かう。

陣馬山の春の花

頂上付近の木々は枯葉を落とし、まだ眠っているが、その中にあって、キブシ、ダンコウバイ、アブラチャン、クロモジなどは早々に花を咲かせている。早春の今頃に咲く木々の花は黄色が多いようだ。南斜面の枯葉の中にはシュンランがそこここに静かに咲いていた。

山頂付近には、中高年のハイカーが数人、自分の場所を心得、風の当たらない所に陣取っていた。自分もいい場所を見付け、いつもの珈琲とパンの昼食をとる。

帰りは景信山から小下沢へ下りた。若い時は陣馬から高尾まで歩いたが、しばらく歩いていないのでもう無理だろう。

陣馬山頂上

キブシ（木五倍子　キブシ科　キブシ属）

図鑑によると、キブシは1属だけでヒマラヤから日本にかけて6種が自生している。地域的な変異が多く、ナンバンキブシやハチジョウキブシ、エノシマキブシなどがあるようだ。

キブシ

6	駅名	植物名	訪れた時期
	JR 中央線 **高尾駅**	ナス科 **ハダカホウズキ**	2008年8月下旬

高尾駅

高尾駅

雨は、朝から降っていた。雨具を用意し出かける。気温は少々低いが、体は動く、さあ出発。気合を入れて出てきたが、高尾駅に着いてもかなりの雨、今日は一日降りそうだ。

ケーブルで登る。上がった十一丁目茶屋の辺りにはそれでも登山客は居た。自分と同じ物好きが居た。頂上にはさすがに人影はなかったが、雨の中をしばらく立っていると、一人ふたりと上がってくる。高尾山の人気はすごい。

ハダカホウズキ（ナス科）

雨に濡れた風情が良く、腰をかがめて何枚も撮ったのだが、なかなかいい写真は撮れなかった。ハダカホウズキの可愛い花は1cm ほど。

ハダカホウズキ

図鑑によると、東南アジアの熱帯から亜熱帯、日本では山形県以南から南西諸島までにも見られる。可愛い小さな花だけど、広範囲に分布している植物なのだ。

雨の高尾山

高尾山には、ソバ屋が20軒ほどあるそうだ。今日も帰りは高尾名物のソバ屋に寄り、心を休めてゆっくりと帰路に着く。天気が悪いのに、店の中は結構混んでいた。ここで、一杯やるのが目的の人もいるだろう。自分も今日の目的は、ここにあった。

8月の下旬、このまま、秋の長雨になるのだろうか。雨の高尾山、ソバ屋で一杯、この小さな幸せを、みんな知っているのだ。

7	駅名	植物名	訪れた時期
	与那国島 **与那国空港**	ヒルガオ科 **オオバケアサガオ**	2009年5月中旬

与那国空港

与那国空港

羽田発10時20分、沖縄那覇空港で乗り換え、与那国空港に16時着。東京から2000km、日本の最西端まで約6時間、長いこと考えていたが、考えるより来た方が早かった。

那覇より台湾に近い与那国島。2009年の5月に一人で出掛けた。2012年には、花の仲間15人と花の観察会に参加し、島を巡った。

オオバケアサガオ（大葉毛朝顔　ヒルガオ科）

初めて見たときには、これがアサガオの仲間かと驚いた。アサガオのイメージではないが、南へ来るとこのような植物もあるのだ。小さな花だが、渋くてなかなかいい。

オオバケアサガオのことは、2回目の2012年に出掛けた花の観察会で、野草の豊富な丘陵地を歩きながら、講師の先生が教えてくれた。与那国と石垣島、西表島、それと小笠原にも少しだけ自生しているそうだ。

オオバケアサガオ

最西端の島

空港には、宿の車が迎えに来ていたが、今日の宿まで歩いて30分、道端にはめずらしい野草がいっぱいだ。道端の草は友達、さあ歩こう。知らない島の初めての道を、一人歩き出す、この軽い気持ちは何だろうか。

島は、全島が牛の牧場のようで自動車の通る道路にまで牛が歩いている、車は、牛をよけて走るのんびりとした島だった。植物は豊富で亜熱帯のめずらしい花や木々をいろいろと見ることができた。

与那国島には他にも、謎の海底遺跡や、固有種の蛾のヨナクニサンと、ヨナクニイソノギクなど、魅力がいっぱいある。

カショウクズマメ

祖納の集落

8

駅名
JR内房線
富浦駅

植物名
キク科
タカサブロウ

訪れた時期
2009年9月上旬

富浦駅

富浦駅

朝9時過ぎに富浦駅に着いたのだが、まだ眠っているような、どんよりとした曇り空だった。海辺を歩くのには涼しくてありがたい。駅舎が本格木造風のなかなかしゃれた建物だ。

タカサブロウ（高三郎　キク科）

タカサブロウを、乾いた砂浜の近くで見付けた、めずらしい。普通は湿った田の畔などで見る野草なのだが、近頃は河川敷や道端でも見ることが多くなった。後から入ってきた帰化のアメリカタカサブロウもあるので、それかも知れない。

タカサブロウというユニークな花名は、図鑑の説明でも、名前の由来は分からないと出ている。タカサブロウは仲間の少ない種で、日本には1種だけ、世界でも4種だけの個性的な植物なのだ。そんな貴重種のような植物が、身近に見られる。

タカサブロウ

浜辺とその近くには、他にオカヒジキ、ボタンボウフウ、ソナレムグラ、ハマゴウ、マルバツユクサ、ハマカンゾウ、ラセイタソウなどを見ることができた。

崖観音

オカヒジキ

大房岬

9

駅名
奄美大島
奄美空港 ①

植物名
マメ科
イルカンダ

訪れた時期
2010年3月下旬

奄美空港

今日は本数が多い鹿児島乗り換えで、久しぶりに奄美大島の奄美空港に到着した。曇り空だが気温は高い。空港内の各所に華やかでカラフルな、大きなランの鉢植えが見え、寒い所から来た乗客の目を楽しませてくれる。

奄美空港から乗り継ぎで、1998年の8月には喜界島に行き、沖永良部島には2000年の4月に行った。徳之島はまだこれからで、今年中には行きたいと思っている。

イルカンダ（マメ科）

イルカンダを探しに、何度も奄美大島に渡った。他にも目的があり約12年前から奄美を数回訪ねている。いろいろ魅力がいっぱいの島だ。今回ちょうど、満開のイルカンダの花期に出会いありがたい。奄美の自生地はいずれも川の近くのヤブの中で、藤ズルのように他の木に絡まっていた。

イルカンダの仲間のカショウクズマメやワニグチモダマなどが、九州、奄美、沖縄の八重山諸島、与那国に分布していて興味深い。

イルカンダ

イルカンダの花が7cm、実が2cm、サヤが30cm

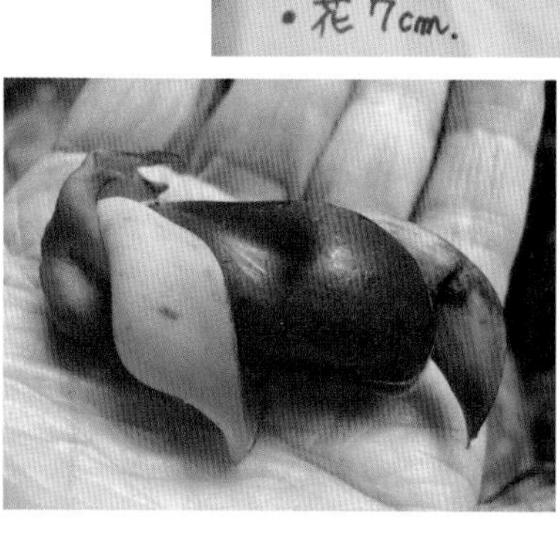

10

● 駅名
奄美大島
奄美空港 ②

● 植物名
タコノキ科
アダン

● 訪れた時期
2010年7月上旬

奄美空港から名瀬港へ

名瀬港

空港から奄美《あまみ》大島の中心地名瀬《なぜ》市に向かうバスのときもレンタカーのときも、まずは名瀬に立ち寄り、ここから奄美の各地に遊びに行くのが定番のようになった。名瀬は亜熱帯の港町、ゴチャゴチャして田舎っぽいのがまたいい。

名瀬には、小さなビジネスホテルは3軒ほど泊まったので知っているが、沖縄のような本格リゾートホテルは今のところはないようだ。

アダン（タコノキ科）

亜熱帯の海岸の最前線に、クサトベラやモンパノキなどと一緒に自生するタコノキ科の植物。

アダン

大きなオレンジ色の実はパイナップルのような甘い味で、下に落ちた実はヤドカリの好物らしく、たくさんのヤドカリが実に寄ってきている。

アダンは、亜熱帯の海岸の青空に映え、とても絵になる植物だ。

田中一村《いっそん》（日本画家）

奄美には「アダンの木」の名画がある。奄美空港から近い道の駅「奄美パーク」の中に『田中一村記念美術館』があり、田中一村が奄美の自然を描いた素晴らしい名画がそろっている。特にアダンを描いた一村の最高傑作は、国宝級だと思う。

田中一村さんは、東山魁夷と同期の日本画家だが、ゴーギャンのように南の島をめざし、奄美大島に渡り独自の芸術を確立した。一村さんは、粗末な家での一人暮らしの中で、多くの作品を残し69歳で亡くなっている。

加計呂麻《かけろま》島

10年前に、奄美を日帰りしたことがあった。羽田を6時30分発の直行便に乗り、帰りは奄美を19時発の便があった。バスで古仁屋まで行き、フェリーで加計呂麻島に渡った。

加計呂麻島の諸鈍《しょどん》は、寅さん映画の最終ロケ地。諸鈍の浜には樹齢300年のデイゴ並木が連なり、春には赤い花が一斉に咲く。

この光景を見たくて何度か訪れたが、少しは咲いているのだが、満開の光景には、なかなか出会えなかった。

奄美の北側にはアダンが茂る、きれいな浜が何カ所もある

11

駅名
新中央航空　調布発新島着便
新島空港

植物名
クマツヅラ科
オオムラサキシキブ

訪れた時期
2010年11月上旬

新島空港

新島空港

東京の調布飛行場を12時10分発の、9人乗りの小さな飛行機で約40分、風のとても強い日で心配したが、伊豆七島の新島空港へ無事に着陸した（機種はイギリス製のアイランダー機、1日4往復）。

1泊2日の小さな旅だが、2日間とも歩くのも難儀するほど風が強く、徒歩では範囲が限られ、新島のほんの少しだけしか見て歩けなかった。

オオムラサキシキブ（クマツヅラ科）

オオムラサキシキブは、ムラサキシキブの変種で大型で、海岸近くの低木林に自生すると、図鑑には出ている（現在のAPG分類ではシソ科になった。何でシソ科なのか、素人には分からない）。

今の季節、咲いている花は少なく、海岸近くでワダンの黄色い花を見ただけ、赤や紫の木の実が目立つ。他にもシロダモ、アオツヅラフジ、ヤマブドウ、ノブドウ、サルトリイバラなどが目に付いた。

オオムラサキシキブ

伊豆七島には、今までに大島、三宅島、八丈島に行ったが、今回の新島は、海青く、白い大波がダイナミックに打ち寄せ、温泉もあり、ご飯もおいしく、印象に残った。

コーガ石

良質の「コーガ石」という石材が島から出る。建築資材やモニュメント、芸術作品に加工され、あちこちで見られた。コーガ石の採掘場があったが、今回は見に行くことはできなかった。

流人墓地
この島の白砂が敷き詰められ、中央には赤いヤブツバキが植えてあった

12	● 駅名	● 植物名	● 訪れた時期
	JR 青梅線 **奥多摩駅**	キク科 **フジアザミ**	2011年8月中旬

奥多摩駅

青梅線の終点駅　山小屋風の駅舎　標高342m

8月中旬のお盆休みに、奥多摩駅に久しぶりに降りる。いつ来てもこの駅は、山へ来たことを教えてくれる良い駅だ。若い頃には毎週のようにこの駅で降り、バスで日原方面に向かったものだが、ここしばらく、ご無沙汰をしてしまった。

前から気になっていた「フジアザミ」を探しに、駅から近い河原に下りてみた。河原に下りる細い危なっかしい急坂を何度も繰り返し、あちこちの河原を探したが、駅近くの河原には、小さな株のフジアザミしかなく、花のついた大きな株を見つけることはできなかった。

フジアザミ（キク科）

富士山麓のガレ場に咲いていた

8月下旬に、もう一度少し上流の河原に下りて探したら、咲き出したばかりの見事な株を、川淵で見つけることができた。

フジアザミは図鑑によると、富士山周辺に多く、荒れ地、崩壊地、ガレ場、河原などに生える多年草で、日本では一番大きなアザミだそうだ。

クジャク蝶が来た

山中湖近くで

その後

その後、9月の中旬に「三ツ峠」へ行くことにした。上の方にはあるという話だが、山麓を探したからか、フジアザミは見当たらなかった。次に山中湖の東にある「アザミ平」に登ったがマツムシソウもフジアザミもなく、かなりの登山者があるようで荒れていた。

また後日、登山道の御殿場口と吉田口から、富士の山麓を何カ所もほっつき歩いたら、ガレ場のような所に何本も群生しているのを見ることができた。いずれも好天気で、富士の山麓は広く「フジアザミ探し」は暑くて大変だったが、大きくて存在感があり、見つけたときの感動は、素晴らしく大きい。

日原川の河原で

13

駅名
JR西日本・仙崎線
仙崎駅

植物名
キク科
ダルマギク

訪れた時期
2011年11月上旬

仙崎駅（海に近い終点駅）

2011年11月上旬、「ダルマギク」を探しに、山口県の日本海沿岸を半周した。その途中で仙崎に立ち寄った。ここは長門市駅から一つ目の終点駅で、海に近い。

いがりまさし氏の名著『日本の野菊』で覚えたダルマギク。山口県の海岸を北上しながらダルマギクを探した。その中でも「角島《つのしま》」には、丈の低いダルマギクが非常に風の強い岩場で、固まるようにびっしりと咲いていたのが印象的だった。

ダルマギク

ダルマギク（達磨菊　キク科）

ダルマギク

ダルマギクは、山口県、福岡県、佐賀県、長崎県近辺の日本海側の限られた地域の岩場にしか分布していない、めずらしい野菊だそうだ。

ひと月前の10月には、京都丹後半島に「ハマベノギク」を見に行った。岩場に咲くダルマギク、浜辺に静かに咲くハマベノギクともに、日本海沿岸の限られた場所に自生する、2種類の野菊の光景は忘れられない。

山口・宇部空港からレンタカーでダルマギクを探しながら海岸線を北上し、萩・

石見空港まで、途中2泊しての海岸植物めぐりは楽しかった。

金子みすゞ

小さな仙崎駅の駐車場にレンタカーを置き、歩いて『金子みすゞ記念館』に行く。

仙崎は三方を海に囲まれ、半島のように日本海に突き出た、静かな港町で、その町のほぼ中央に記念館はあった。天才詩人「金子みすゞ」は、多くの名歌を残し、1930（昭和5）年、26歳の若さで、それも自死で亡くなったのが惜しまれる。この仙崎の港町を、もう一度ゆっくりと5月頃に歩いてみたい。

仙崎の町中では、自分の好みの「みすゞさん」の歌を、手作りの額にして、家々の門や塀に飾ってあった

半島のように海に突き出た、仙崎の町

14

● 駅名
北大東島
北大東空港 ①

● 植物名
トウダイグサ科
ボロジノニシキソウ

● 訪れた時期
2013年6月中旬

北大東空港

那覇空港から約1時間、1日1便の飛行機で北大東空港に着いた。空港の裏側はサンゴ礁の崖が続いて見える、前は一面のサトウキビ畑。空港から今日の宿まで歩き出す。

2年前の南大東島訪問のときは、15人ほどの花の観察会の人たちとにぎやかだったが、今回は一人で歩き出す。サトウキビ畑が広がり真夏のような陽気の中を2時間。めずらしい島の植物をいろいろと見ながら歩いた。途中には、商店もコンビニもスーパーもなく、サトウキビ畑わきの野草を観察しながら歩いた。暑かったけど、気分は最高だ。

ボロジノニシキソウ（トウダイグサ科）

コニシキソウの仲間で、2年前に南大東島で初めて見た。今回北大東島でも少しだけ見た。沖縄県の絶滅危惧種に指定されているが、太平洋諸島の各地には自生地があるそうだ。

ボロジノニシキソウ

海水がかかりそうな、サンゴ礁の岩場にだけ自生している。2年前の南大東島のときは12月で花が咲いていたが、今回は6月半ば、花は咲いていなかった。

ボロジノという名前は1859年にロシア海軍の練習船が島に立ち寄り、この草を採集しロシアに持ち帰った。そのときの船名がボロジノ号だったと、図鑑には出ている。

存在感

それにしても、ボロジノニシキソウは、地味なコニシキソウの仲間なのだが、絶海の孤島の、サンゴ礁の岩場にだけ自生している。この、こだわり、この存在感は、素晴らしい。もう今からでは遅いが、自分も、このような生き方を、見習いたい。

ボロジノニシキソウの花
2011年12月中旬、南大東島で

15	駅名	植物名	訪れた時期
	北大東島 **北大東空港 ②**	ナス科 **アツバクコ**	2013年6月中旬

サトウキビ畑の向こうが、北大東空港

サンゴ礁の岩を掘った、海水プール

アツバクコ（厚葉枸杞　ナス科）

アツバクコ

普通のクコは、河原近くなどに生えている雑草のような植物だが、そのクコの仲間が、サンゴ礁の岩場の植物として、このような型で見られる不思議は経験したことがない。

日本では南北の大東島にしか自生していないようだ。北大東島では道路脇のコンクリートのスキマにも、帯状にべったり自生していた。

島の植物図鑑

北大東村教育委員会が出した植物図鑑を購入した。この小さな島だけの図鑑を出しているのは素晴らしいことだと思う。お陰で島の植生のことがよく分かった。

この島は、大昔4800万年前に現在のニューギニア近海で誕生し、フィリピン海プレートに乗り、はるばる現在地に到達した。

現在も沖縄本島に向けて年間5cmの移動を続けているそうだ。これから何万年か先には沖縄本島に衝突するかも知れない、その頃、人類は存在しているだろうか。

16

駅名
JR 中央本線
藤野駅 ②

植物名
陣馬山の秋の花

訪れた時期
2013年9月上旬

藤野駅から

5年ぶりに陣馬に行く。9月2日と9月7日の2回、藤野駅からタクシーで和田峠まで、これは楽だ、少し歩けば頂上に着く。雨上がりの雨に濡れた花の光景を見たくて、2日の日は雨にならず7日にもう一度挑戦する。少しだけ雨になり絶好のコンデション。頂上近辺を探索、目的の花も見つかり、ありがたい。

陣馬山の秋の花

雨の日をねらって頂上近辺を歩く。9月に入り1週間なのだが、雨になると気温が下がり歩きやすい。

秋の花がいろいろ咲き出していた。シモバシラやシラヤマギク、ツルリンドウ、ヤマホトトギス、キバナアキギリ、イヌショウマ、ツリガネニンジン、メタカラコウ、など。

雨上がりの陣馬山頂

帰りは2日の時は陣馬高原下に、7日の時は小仏峠から小仏バス停へ下りた。どちらも植物が豊富で楽しいコースだ。

シモバシラ（霜柱　シソ科）

シモバシラは花もきれいだが、初冬になり気温が下がると、茎が枯れても根からの水分が凍り霜柱ができる。自然が作る面白い現象で、日陰なら午後でも見ることができる。だから高尾山近辺では多く見られる。

自分の庭だなんていいながら　奥高尾と呼ばれる高尾山から陣馬山までには、毎週のように出かけた。またその先に延びる生籐山から三頭山までの草尾根にも、またその先の石尾根と呼ばれる雲取山までの尾根にも数回歩いたが、すべて過去のこと。

だんだんと高度が下がり70を過ぎた現在は近くの公園や河川敷、植物園が遊び場になっている。

シュロソウ
ヒノキの植林地の暗い所で初めて見た、
茶色で目立たないが渋い花だ

シモバシラ

シモバシラ
2008年1月4日

17

● 駅名
JR 東海道本線
近江長岡駅

● 植物名
シソ科
キセワタ

● 訪れた時期
2013年9月中旬

近江長岡《おうみながおか》駅

昨夜は名古屋で前泊し、新幹線で米原駅へ。そこで乗り換えて東海道本線の近江長岡駅着。駅前から今日の目的地「伊吹山」が良く見える。

登山口行きのバスを探したが出たばかり、駅前からタクシーで行く。運転手さんは山のことを良くご存じで、裏道を通り3合目の草原の所まで案内してくれた。初めての土地は地元の運転手さんに限る。

伊吹山

キセワタ

花の多い山で有名だが、今回初めての訪問となった。3合目近くは広い草原でまだ山麓のようだ。

これから歩く草原を見ながら、珈琲とパンで小休止をとって、ゆっくり支度をして歩き出す。今回は「スズサイコ」(ガガイモ科)を探しに来たのだが、3合目から4合目の広い草原を2時間近く探したが見つからなかった。

伊吹山の頂上には、大きなお花畑があり、伊吹山の固有種の植物がいろいろ見られると、山の本には出ていたが、そこはまたの機会にしよう。4合目の奥まで歩き戻ってきた。

お昼を大分過ぎた時間だが、まだ登って行く登山客を何人も見た。初めての山なのでこれより先が分からない。4～5回、通わないと山の全体は見えてこない。

帰りは登山口からバスでJRの長浜駅まで行く。駅を出て少し歩くと、海のように大きい琵琶湖が見えた。

キセワタ（着せ綿　シソ科）

下山途中、2合目あたりで「キセワタ」を、1合目近くで「メハジキ」を見た。どちらもきれいで、どちらもシソ科の魅力的な花だ。

3合目、2合目と下りながらの花見は、なかなか見応えがあった。トリカブト、シオガマギク、エゾフウロウ、テンニンソウ、ユウスゲ、アザミなどを見た。他にもいろいろ見たのだが、花の名前が分からなかった。

メハジキ

18	駅名	植物名	訪れた時期
	JR 氷見線 **雨晴駅**	**海浜植物**	2014年4月中旬

雨晴《あまはらし》駅

長いこと気になっていた「雨晴駅」にレンタカーで到着する。できれば高岡から氷見線に乗って訪ねたかったのだが、石川、富山の海岸線を歩き、春の花を探しながら、美術館や植物園にも寄りたいと欲張ったために、レンタカーになってしまった。駅のすぐ裏に雨晴の広い浜辺が広がっていた。

小松空港から能登の海岸線を北上し、金沢駅前のすごく狭い宿に1泊。次の日は能登島で、石川県能登島ガラス美術館を見学し、和倉温泉の高級旅館近くの、安宿に1泊。3日目は七尾を通過し、氷見市の氷見市海浜植物園を見学。そのあと雨晴海岸に立ち寄り、富山の富山県中央植物園に行く。急ぎのケチケチ旅はしたくないのだが、いつもこうなってしまう。

海浜植物

イソスミレ

途中の浜辺に、何度も立ち寄りながらの植物観察は実に楽しい。特別めずらしい植物は見なかったが、イソスミレがこの時期良く咲いていた。

ハマダイコン、コウボウムギ、スナビキソウ、ハマハタザオも咲いていた、またハマエンドウ、ハマヒルガオ、ハマボッス、ハマニガナ、シロヨモギを見ることができた。

雨晴海岸

富山湾の向こうに、雪の立山連峰が見えるはずの、絶景の雨晴海岸なのだが、今日は晴れてはいるのだが、春の薄雲の影響か残念ながら見えない。

雨晴（あまはらし）の語源は、その昔、義経一行が、奥州に逃れる途中にここで雨のやむのを待ったことによるらしい。義経にまつわる伝説は各地に残っている。

19	駅名	植物名	訪れた時期
	JR 中央本線 **猿橋駅**	ツユクサ科 **ヤブミョウガ**	2015年9月中旬

猿橋駅

大月駅の一つ手前、数十年前かも分からない大昔に、一度降りたことがあつた、猿橋駅に到着。

猿橋に向かう。真夏のような天気の中、せまい国道20号線の旧甲州街道を戻るように20分、車に注意しながら歩く。猿橋の下を流れるのは桂川、この少し先で相模湖に流れ込んでいる。

ヤブミョウガ（藪茗荷　ツユクサ科）

初秋になると低山や、やぶ、神社や、寺などの静かな所で咲いている、凛々し

い姿を目にすることが多い。猿橋の桂川沿いを歩いたらヤブミョウガとシュウカイドウを見掛けた。

シュウカイドウ
秋になると山沿いの日陰で良く目にするやさしい花。江戸時代の初めに中国から入った植物で、広く野生化して日本の風景になじんでいる

猿橋

日本三奇橋の一つだが、こんなに立派な大きな橋だったかな、と思う。木造の入り組んだ構造が素晴らしい。近くの説明パネルには橋の成り立ちや、同じ方法で幾度となく掛け替えられてきたことが出ていた。

20

● 駅名
富士急行線
富士山駅

● 植物名
ツリフネソウ科
ツリフネソウ

● 訪れた時期
2015年9月中旬

富士山駅

富士山駅

大月から富士急行線に乗り換えて「富士山駅」へ。富士急行といってもノロノロゆっくり電車だ。カーブがキツイのかキィーキィーと車輪を軋ませ、のんびり、旧富士吉田駅に到着する。

駅名は、日本一の大きな駅名に。駅名は大事だ、やはりいろいろと良く見えるから不思議。もうひと駅ほど、富士山に近ければ、最高なのだが、京王線の高尾山口駅のように。

吉田口登山道

浅間神社前でバスを降り、神社にお参りしてから吉田口の登山道を歩き出す。赤松とカラマツが多い雑木林の一本道を真っすぐに2時間歩き、林道脇の山草を堪能したので、同じ道を戻ってきた。

サラシナショウマが咲く赤松林

ここの赤松林は、毎年春先に起きる富士山の雪解け水による土石流を防ぐために、寛永年間の1630年頃に信州から赤松3万本を取り寄せ、植林した松林だそうだ。

ツリフネソウ（ツリフネソウ科）

めずらしい、ツリフネソウを林道わきで見付けた。図鑑によると、西ヒマラヤ原産の帰化種の「ハナツリフネソウ」のようだ。ハガクレツリフネは九州の阿蘇近辺で見たが、ハナツリフネソウは今回が初めてのご対面。原産地の西ヒマラヤはパキスタンやアフガニスタンを指すのだろうか。

キツリフネ

ツリフネソウ

帰化種のハナツリフネソウのようだ

21

駅名
JR中央線
四ツ谷駅

植物名
モクレン科
ユリノキ

訪れた時期
2015年10月下旬

四ツ谷駅

彩流社の鉄道雑誌、『JR中央線』によると「四ツ谷駅」は1894（明治27）年の11月に甲武鉄道の駅として開設されたと出ている。もう120年も経つ古い駅なのだ。

しばらくぶりに見る、四ツ谷駅の一段低い駅の感じは、自分が高円寺駅から水道橋駅までの通勤通学で毎日利用した60年前と、それほど変わっていない感じがする。

ユリノキ（モクレン科）

ユリノキは四ツ谷駅前の外堀通りの街路樹で、特に迎賓館の近くに多い。外堀通りを赤坂見附まで歩いたが途中の紀伊国坂辺りまでがユリノキで、その先はプラタナスに変わっている。また市ヶ谷方面も歩いたが途中でトウカエデに変わっていた。

街路樹の説明板によると迎賓館にふさわしいのでユリノキを植えたと出ている。ユリノキは北米原産だが中国にもあるようだ。

そして

そして、その後5年ぶりに歩いてみた。場所柄どこを歩いても、きれいで気持ちがいい。迎賓館の前には最近できた珈琲や軽食がとれる休憩施設があった。そのとなりの小公園の中央に、樹齢が100年ほどのプラタナスの巨木があったので、ここで小休止をとることにした。

右にそれて神宮外苑まで行く。ここからはユリノキに混じりトチノキやプラタナスも植わっていた。権田原という交差点に出た。その昔ここに「権田原」という都電の駅があったのを思い出した。

ユリノキの奥が迎賓館
小学生のとき、学校の見学でこの中を見たことがあった

22

駅名
JR信越本線
上下浜駅

植物名
アブラナ科
オニハマダイコン

訪れた時期
2016年6月中旬

上下浜駅

天気の良い6月中旬、新潟の上下浜駅に降りた。次の駅までひと駅、砂浜を歩く。この沿線は海に近く、歩いてすぐに砂浜に出られ、海浜植物がとても豊富で楽しい所だ。角田浜、白岩、寺泊、柿崎、出雲崎には何度も出かけた。長岡からの普通列車は、ほぼ1時間に1本。

オニハマダイコン（アブラナ科）

帰化のオニハマダイコンを少しだけ見付けた。今までにも、この少し北の海岸と茨城と北海道の数カ所で見たことがあった

図鑑によると比較的新しい帰化植物で。ヨーロッパから北アメリカの海岸地域が原産地のようだ。花は小さくて分からないが、種子は次々と実り良く目立つ。

オニハマダイコン

6月の浜には

6月の浜には、ハマボウフウ、ハマハタザオ、ハマダイコン、ハマニガナ、ハマナス、ハマヒルガオ、ハマボッス、スナビキソウ、テリハノイバラなどが気持ち良く咲いていた。

めずらしいクララを1本、線路脇の土手で見付けた。毎週あちこちと出かけているが、クララは見ない。

ハマボウフウ

23	駅名 JR 根室本線（花咲線） **釧路駅**	植物名 マメ科 **ルピナス**	訪れた時期 2016年7月上旬

釧路駅

前夜は駅近くの宿に前泊した。駅へ来てびっくりした。長い列車と思っていたら、短い列車が１両、ホームにもうガラガラとエンジンをかけながら停車していた。乗客は20人ほどで殆どが観光客のようだ。8時18分発の根室行き。

根室本線の釧路から先を花咲線と呼ぶようだ。時刻表を見ると3時間に1本しかない。根室までは2時間半。5年前の7月に、レンタカーで根室から釧路までを移動した、今日はその逆を列車で根室へ向かう。

啄木

ふるさとの渋民村を、追われるように函館へ向かい、その後、札幌、小樽などの北海道を転々とした啄木は釧路に３カ月ほどいた。その時の勤め先だろうか、「釧路新聞社」を駅近くで見掛けた。

茶内駅

ルピナス（マメ科）

茶内駅のルピナス

北へ来るとルピナスが元気だ。根室に向かう途中の茶内駅と厚床駅の花壇で見掛けた。他にも車窓からあちこちで見かけた。もう何年も植えっぱなしの状態で、どんどん増えているようだ。

この大きなルピナスは、アメリカからカナダの太平洋側が原産地で、イギリスで改良されたワシントンルピナス。暑さに弱い為に、北海道や東北地方から信州が最適地のようだと、図鑑には出ている。

別当賀駅
廃列車リサイクルの駅舎。本久公洋氏の名著『北海道鉄道駅大図鑑』によると、花咲線には他に尾幌駅と西和田駅が、廃列車のリサイクル駅舎だそうだ

24

● 駅名
JR 根室本線（花咲線）
根室駅

● 植物名
キク科
アキタブキ

● 訪れた時期
2016年7月上旬

根室駅（海に近い終点駅）

霧の根室駅

釧路を8時18分に出た普通列車は、根室に11時少し前に着いた。途中の駅で降りる人はいるが、乗ってくる乗客は、ほんの少々。途中駅は18駅、ほとんど無人駅だったようだ。

このときの根室のことを、初めに出した本に「さい果ての駅、根室でクロユリを……」と書いたのだが、もう一度書こう。根室は2回目、北の大地の実感がある根室には、何度でも出かけたい。

寒いくらい涼しい。駅近くに開いている店は少なく、コンビニを探しながら、霧が出始めた街をぶらつく。

クロバナロウゲ

アキタブキ（キク科）

道路脇に繁茂するアキタブキ

旺盛に繁茂するアキタブキを、駅の構内や線路脇の空き地で見た。オオイタドリやオニシモツケなどと共に大型化する北の植物の、このエネルギーの源は何だろうか。

根室本線終点

本久公洋氏の名著『北海道鉄道駅大図鑑』によると根室駅よりまだ東に、「歯舞駅」まで延びる「根室拓殖鉄道」という鉄道が、昭和34年まであったそうだ。

トモシリソウを探しに根室半島の友知まで行ってみたが、歯舞駅があったのは、まだその先のようだ。

トモシリソウ

宿からは根室湾が良く見える

25	駅名 JR内房線 **青堀駅**	植物名 スベリヒユ科 **ヒメマツバボタン**

訪れた時期
2016年10月下旬

青堀駅

青堀駅

君津と木更津までは本数が多いのだが、一つ先の青堀駅は1時間に1本しかなく、君津駅で少々待つ。来た列車に乗ったが、館山行きだったかは定かではない。

青堀駅に9時過ぎに着いた。青堀駅には10年近く前に一度降りて、富津の岬の突端まで歩いたことがあった。今日は30分ほどバスを待ち、富津公園の入口まで行く。

ヒメマツバボタン（スベリヒユ科）

熱帯アメリカ原産の帰化植物。海沿いの荒れたコンクリートのスキマや、運河沿い、海に近い乾いた道端などの、沿海地が好きらしい。

東京でもときどき見掛ける。きれいなので植えてあるのを見かけることもある。バスを降り少し歩いていたら道脇に咲いていた。

ヒメマツバボタン

この先のこと

ホソバヒメミソハギ

今日は、なんの目的も、見たい花もなく、ただ海沿いの雑草地をブラブラしたいだけ。枯れかけたオナモミとオカヒジキ、コマツヨイグサ、流れ着いた海藻の見える、細長い砂浜に一人陣取り、君津駅で買った珈琲とパンで、急ぐこともないので大休止。

家の者にときどき「この先のこと考えているの」と言われることがあるが、何も考えてはいない。こんなときに頭に浮かんでくるのだが、ただ先延ばしをしてきただけ。

目の前を、サーフインの人たちが、繰り返し、繰り返し行き交い、遊んでいる。元気のいい老人も時折見掛けるが、みんな、この先のこと、考えているのだろうか。

26	駅名	植物名	訪れた時期
	JR東海道線 **早川駅**	バラ科 **バクチノキ**	2017年9月中旬

早川駅

小田原の次が早川駅。駅のホームからは現在建物の陰で海が見えないが、昔は、ホームからきれいな海が見えたのだろうと思う。発車した快速アクティー熱海行きを見送り、静かになったホームでひとり珈琲タイム。

バクチノキ（バラ科）

2017年9月24日。早川の駅から、歩いてもバクチノキまでは20分くらいと近いのだが、分かりにくい場所だった。前年も、石垣山のミカン畑の丘陵地を散々歩き、探したが分からなかった。

バクチノキ
花期は9月

花を付け、赤い幹の細いビランジュの木は、ミカン畑のあちこちで見かけたのだが、この天然記念物に指定されている「早川のビランジュ」の巨木は、高速道路と急な傾斜地の狭い窮屈な所に、ひっそりと存在感たっぷりな表情で、隠れるように立っていた。

図鑑によるとバクチノキはバラ科で、関東の伊豆や千葉から四国、九州、沖縄の沿海地の少し湿り気のある斜面の樹林内に自生すると出ている。まさにここはその通りの場所。樹齢はおよそ300年だそうだ。

今日も

どこへ出掛けてもほとんど目的の場所を聞かないようにしている。自分で探すのが楽しいからだが、今日も何時間も探し、上のミカン畑も前年と同じように探した。同じ所を何度も歩き探したが、分からなかったので、とうとう近くの家の方に尋ねて、この登り口が分かった。

早川のビランジュ・バクチノキ

27	駅名	植物名	訪れた時期
	JR東海道線 **舞阪駅**	**タマネギ**	2018年1月上旬

舞《まい》阪《さか》駅

タマネギの畑を見たくて、舞阪駅に初めて降りる。天気はいいが風が冷たい。駅舎は、近年建て替えてきれいだが、古い駅舎を見たかった。駅の周りは何もなくガランとしていた。

以前に見た野菜の雑誌で、この辺りがタマネギの産地と知り、静岡から豊橋までの東海道本線を１往復した。車窓から見て、タマネギ畑に一番近いのが舞阪駅だったのでここで下車して、次の弁天島駅までのひと駅、タマネギ畑に沿って歩いた。

タマネギ

できれば、赤いタマネギの畑を見たくて探したが、今回は普通の白いタマネギの畑しか見当たらなかった。駅近くは住宅地と畑が混在しているが、少し歩くと広いタマネギ畑が見えてくる。畑は平坦な砂地で乾いていた。この海に近い砂地の土地が、タマネギの栽培に適しているのかも知れない。

途中で、タマネギの収穫をしていた農家の方に、写真を撮らせていただいた。赤タマネギのことをお聞きしたら、赤タマネギの収穫はもう３カ月ほど先になるそうだ。帰りに駅近くで白いタマネギを買った、今日は2018年の正月の３日。

赤タマネギ

宝くじの絵に、赤タマネギが使われていたのを見たのが、今回の始まり。宝くじには、もう何年も付き合っているのだが、当たる確率が悪すぎてとても話にならない。が、買わなければ、当たらない。

赤タマネギの湘南レッドが使われている

後日、赤タマネギをスーパーで買ってみた。産地は静岡ではなく、北海道産の「アーリーレッド」だった。辛くなくておいしい、とてもきれいだ。神奈川には宝くじの絵のような「湘南レッド」という品種があるそうだ。

北海道産のアーリーレッド

新幹線に沿いタマネギ畑は続く

28	駅名	植物名	訪れた時期
	JR 相模線 **社家駅**	ニレ科 **ハルニレ**	2018年4月中旬

社《しゃ》家《け》駅

今日は、雨の予報だったのでゆっくりしていたら、明るくなり急いで出てきた。東上線、武蔵野線、南武線、小田急線、相模線と乗り換え社家駅に13時着。社家駅は無人駅、駅舎は古くて趣きがあり素晴らしい。駅前にコンビニはなく、タクシーも止まっていない、これがいい。駅名はこの辺りの地名のようだ。

曇ってはいるがもう雨の心配はない、西の方が明るい。靴の紐を確り結び歩き出す。途中で田畑を見ながら珈琲とパンで小休止、ツバメが田の上を飛んでいる。

駅から小1時間、目的のハルニレの巨木に到着。文一総合出版の名著『日本一の巨木図鑑』に出ていた「日本一のハルニレ」を見たくて今日の訪問となった。

ハルニレ（ニレ科）

推定樹齢400年、道路脇にそびえ立つ巨木だが鉄パイプで補強されて、幹はあちこち洞になりかなりのご老体。それでもみどりの新芽が出始めてはいるが、あぶない。

枯れ木ではなく、生きている。図鑑によると、このハルニレは江戸時代の御典医「半井《なからい》驢《ろ》庵《あん》」が薬草として朝鮮から持ち帰り、自分の下屋敷に植えた木だそうだ。

ハルニレは本来北方の植物だが「日本一のハルニレ」が神奈川県にあるのが面白い。文一総合出版の『日本一の巨木図鑑』は説明と写真がとても良く、見ているとまたあちこち見に出掛けたくなる、楽しい図鑑だ。

ハルニレの老木が

その後、2020年の6月初め、小田急線の海老名駅から長後駅行きのバスに乗り、「根《ね》恩《お》馬《ま》」という面白いバス停で降り、歩いて10分、2年ぶりに訪ねてみた。

ハルニレは元気だった。樹齢400年の老木とは思えない、青葉若葉を縦横無尽に出し自分の老体を隠していた。2年前に心配したが、これならまだまだ大丈夫。自分のことを心配しろとでも言われそうだった。

29	駅名	植物名	訪れた時期
	JR 水郡線 **常陸大子駅**	ヒユ科 **イノコズチ**	2018年8月下旬

常陸大子《ひたちだいご》駅

友人が書いた絵ハガキの構図は、この辺りだった

昔の仕事仲間だった友人から、自分で書いた絵ハガキをときどき頂く、今回頂いた暑中見舞いは「常陸大子駅」が描かれていた。その前の年賀状は佐原市の古い街並みの絵だった。住まいが鹿嶋市なので茨城の題材が多く、親しみのあるいい絵で、いつも感心している。

そこで、暑い8月下旬、水戸から水郡線に乗り、久慈川沿いを北上し、もうくたびれたと思う頃にやっと常陸大子駅に着いた、約1時間30分。帰りは福島県の郡山駅まで、また各駅の普通列車に乗り約2時間。車窓からの景観は単調だったが、初めての土地の風景を楽しんだ。

イノコズチ（猪子槌　ヒユ科）

これは普通のヒカゲイノコズチ

今回、大子駅周辺の川沿いを2時間近く歩いた。もしかして「マルバイノコズチ」が見つかるかも知れないと、ひそかな期待があったのだが、当ては外れ、普通のイノコズチしか見つからなかった。

少し先の、山沿いをゆっくり探せば見つかるかもしれない。図鑑によると、マルバイノコズチ（丸葉）は茨城と福島にあると出ている。大子駅は福島に近い茨城なので簡単に見つかるだろうと思ったが……。限られた場所にしかない、希少植物なのかも知れない。

久慈川
駅から少し歩くと川にぶつかる。緩やかな流れの中に釣り人が見えた。久慈川は地図を見ると福島県の棚倉町辺りを端に発し、水郡線沿いを南下し那珂川には合流せず単独で東海村から太平洋に流れ出ている

30	駅名 江ノ島電鉄線 **江ノ島駅**	植物名 **チューリップ**	訪れた時期 2019年1月中旬

江ノ島駅

陽ざしはたっぷりだが、1月中旬、風は冷たい。今日はまだ正月、藤沢駅から江ノ電に乗って江ノ島へ。休日の江ノ電は大変な混雑している、自分もその中の一人だ、人のことは言えない。

駅前から細い商店街を、たくさんの人たちに混じり歩く。お土産や、コンビニ、珈琲や、シラス丼を食べさせる店など、小さなお店が軒を連ねている。老舗の和食や和菓子の店も。海沿いの道路まで、にぎやかに続く。

真冬にチューリップが

江ノ島の頂上にある「サムエル・コッキング苑」では、大寒の１月にたくさんのチューリップが咲く。球根を特別な方法で冷蔵管理をして、植え付けるそうだ。

園内の「ロンカフェ」は、おいしいフレンチトーストの専門店、湘南の海が見える最高の場所。今日はここで、ゆっくりと珈琲タイム……。

明るい陽気の

あれから3カ月後、晴れて暖かで明るい陽気の４月中旬に、チューリップが咲いていた同じ場所には、リビングストンデージー、ルピナス、ミヤコワスレのような洋菊が咲き、1月とはイメージが変わりきれいだった。

園内は世界各地の植物が植えられ、ミニ植物園のようだ。椿も各種、良く咲いていた。

31

駅名
JR 中央本線
新府駅

植物名
桃源郷

訪れた時期
2019年4月上旬

新府駅

甲府駅から中央本線で竜王、塩崎、韮崎の次が新府駅。高台の窮屈な駅でホームの幅も狭い無人駅だが、開放的で眺めはすこぶる良い。

駅前の桜は満開、今日は快晴。駅から歩いて10分、桃源郷は近い。

新府の桃源郷

新府の桃源郷は、山梨県の北西部、住所は韮崎市中田町。桃園のほぼ中央に立つと、南に残雪の南アルプスがどっかりと見え、北に茅ケ岳、東に富士山、西に八ヶ岳の見える素晴らしい高台の園地、まさに桃源郷だった。

南アルプスをバックに、新府の桃源郷

この新府の桃畑が、2018年の3月の日経新聞に紹介されていたが、今日は残念ながら、まだ桃の蕾は固く、新聞の写真のように、白く輝く残雪の南アルプスをバックに、ピンクの桃が咲き乱れる桃源郷になるのは、あと2週間ほど先になりそうだ。

あずさ2号

明日私は　旅に出ます……、で始まる名曲『あずさ2号』。毎日のようにテレビやラジオから流れていたのは、もう40年以上も前になる。

今朝は、新宿発8時ちょうどの特急あずさ5号に、立川で乗り込み、甲府駅乗り換えで、新府駅に、10時40分頃着いた。

新宿発8時ちょうどの特急あずさ5号
2021年11月

現在は、8時ちょうどの特急「あずさ」は、2号ではなく5号に代わった。「春まだ浅い信濃路へ」ではなく、今日歩いたのは、甲斐路だったが、名曲の魅力は何年たっても変わらずに素晴らしい。

特急「あずさ2号」がなくなった経緯は、歌がヒットした数年後だったか、旅の雑誌などで何度か見た。1号、3号、4号、5号は現在もあるのだが、有名になった2号だけないのは、何ともさびしい。

32	駅名	植物名	訪れた時期
	JR 水戸線 **結城駅**	イノモトソウ科 **ミズワラビ**	2019年10月上旬

結城《ゆうき》駅

結城市の東を流れる鬼怒川

JR 小山駅から水戸線に乗り換えて結城駅に初めて降り立つ。水戸線は小山から30分に1本くらいで結城、下館と続いて、下館で真岡鐵道に接続する。さらに、笠間、友部。友部で常磐線に接続して、その先、水戸や勝田まで延びている車両もある。

水戸線は茨城県のほぼ中央、常総台地を東から西へ横断している。帰りは友部まで行き常磐線に乗り換え戻ってきた。

ミズワラビ、2種類の葉が出ている

ミズワラビ（イノモトソウ科）

ミズワラビ。秋の刈り入れが終わった田んぼで、他の雑草と共に生えているのをときどき見かける。ここまで来なくても近くの埼玉の田んぼでも見られる。

今回は結城の城跡公園の近くの休耕田で、かなりの本数を見ることができた。この植物は長いこと名前が分からず、シダの仲間であることも知らなかった。帰化雑草かと思っていたのだが、葉が2種類あり、変わった植物で面白い。

結城の古城跡

駅から、そこここに立派な蔵造りの老舗の商店が残る結城の街中を歩き「結城歴史公園」に来た。街の外れの小高い所に公園はあった。ここが今日の目的地。長いあいだ温めていた、遠い我がふるさと。

母方の先祖、自分の3代前の會爺さんが幕末か明治の初め頃に、結城の殿様の右筆《ゆうひつ》としてこの城に勤めていた。その娘、自分の祖母は書道の先生だったそうだ。またその娘、自分の母親は戦前に海軍省でタイピストとして活躍し、きれいな文字を書き、短歌も作っていた。その子供の自分が看板屋。4代続けて「文字の仕事」をしている。長々と書いたのは、これが言いたかったから。

初めて見るこの結城の古城跡に立ち、いろいろな感慨が湧いてくる。結城の城はその後、焼けてしまったそうだ。今は殆ど何も残ってはいない。

結城歴史公園

33	駅名	植物名	訪れた時期
	東武東上線 **成増駅**	ナデシコ科 **ムシトリナデシコ**	2020年1月中旬

成増《なります》駅

池袋の本屋に行こうとして、乗っていた電車が成増駅の手前で急停車した。この辺りは踏切が多く、よく急停車する所だ。またかと思い、何気なく外を見たらピンクのナデシコが見えたので、成増駅で途中下車をした。

ムシトリナデシコ（ナデシコ科）

初夏の花だと思っていたが、この寒い1月の中旬に次々と花を咲かせて満開のようだ。初めは近くの方が植えたのだろうと思うが、何年も経ち、線路脇に100 mほど咲いていた。ムシトリナデシコはヨーロッパ原産の園芸植物だが、野生化して殖えるようだ。

駅前の珈琲屋さん

その後も、電車が急停車したわけではないがときどき何度か、成増駅近辺を徘徊している。新型コロナの緊急事態宣言中の５月の連休に見に行ったら、ムシトリナデシコはますます元気に咲き、近くには「マツバウンラン」が群生して咲いていた。

駅の周辺は、無秩序に大小のマンションと、古い個人の住宅が混在したゴチャゴチャした所だが、南口の駅前には、モーニングをやっている珈琲屋さんが何軒もあって、先日はモーニングを頂いたが、今日は見るだけで戻ってきた。家に帰りいつものお湯割りを一杯、寒い時はこれにかぎる。

マツバウンランは、北アメリカ原産の帰化植物。ゴマノハグサ科だったが現在はオオバコ科。
咲いている場所によって、大きさが違うのを見た。オオマツバウンランもあるようだ

34

駅名
JR 京葉線
潮見駅

植物名
帰化野草

訪れた時期
2020年3月中旬

潮《しお》見《み》駅

潮見駅に初めて降り立つ。いい名前の駅で一度降りてみたかった。潮見は良い名前だが残念ながら駅から海は見えない。駅ができた当時はマンションやホテル、倉庫などはなく、海や運河が見えたのだろう。駅前にコンビニとスーパーはある。パンと珈琲を仕入れ、初めての駅から歩き出すのは、心軽く気持ちがいい。

メリケントキンソウ

マメカミツレ

帰化野草

少し歩くと漣《さざなみ》橋に。この辺りは運河が交錯している。漣橋を渡りしばらく歩いたが、どこもかしこもオリンピックの施設の工事中。工事脇の残された少しの空き地で帰化野草を探した。

ここから新木場の夢の島公園の周辺まで道端の野草を見ながらゆっくり歩く。夢の島公園内も掘り返され2年ほど前からの大工事中。帰化野草が心配だ。

ナガミヒナゲシ

歩道脇で見た、ナデシコの仲間ようだが、花の名前は分からない。帰化種のようだ

潮橋から、夢の島公園方面を見る

35

駅名
JR川越線
西川越駅

植物名
河原の野草

訪れた時期
2020年4月下旬

西川越駅

気温は高いが風は冷たい。まだ緊急事態宣言中だが、一人西川越駅で降り、入間川の河原に向かう。4月の初めから風邪を引き2週間も休み「新型コロナウイルス」かと、心配したが熱もおさまり安心した。

駅近くにコンビニはあった。駅から歩いて15分くらいで「川越水上公園」に着く。八重のカンザン桜も半分葉桜となり、池の周りのメタセコイアはさわやかな新緑に包まれている。公園内を横切り入間川の土手に出た。土手の上が自転車道路になっている。

クサフジ（マメ科）

入間川の乾いた河原の中に、クサフジがあちこちで咲いていた。きれいな青紫色で目立つ。最近出た新しい図鑑を見たら、色の濃いのは「ナヨクサフジ」と出ていた。

クサフジ

これは外来帰化植物らしい。他にも3種ほどヨーロッパ外来のクサフジに押されて、在来種のクサフジは希少種になっているようだ。

河原の野草

入間川の河原は、セイヨウカラシナの菜の花が一面に黄色く染め、クコのみどりの葉が茂る乾いた河原に、どかりと座る。

河原の近くには、カワジシャ、ヘラオオバコ、ツボミオオバコ、サギゴケ、トキワハゼ、キツネアザミ、コバンソウ、ハルジオン、ブタナ、キュウリグサ、コメツブツメクサ、アメリカフウロウなどが咲いていた。

立ち樹はエノキ、ムク、ニセアカシア、クルミ、クワ、ヤナギが、大小ボサボサと緑陰を作っている。

雑草研究

澄みわたる青空、空高くトビが舞っている。近くの草むらではキジがときどき鳴いている。クサフジが咲く、河原の暖かい石に座り、珈琲タイムはうれしい。

新型コロナの猛威は治まらず、河原でのんびり雑草の研究などをしている場合ではないのだが、この先どうなるのだろうか。帰りは東武東上線の霞ヶ関駅まで歩いた。

入間川は、この先川越市を半周して荒川に合流している

36

駅名
東武東上線
男衾駅

植物名
麦畑

訪れた時期
2020年5月下旬

男《お》衾《ぶすま》駅

川越から東上線に乗り、小川町駅乗換えで40分少々。カラッとした陽気の５月下旬、男衾（オブスマ）駅に降りる。ときどき、面白い駅名を訪ね歩いている。二駅先が寄居駅。男衾は、地名ですかと地元の方にお聞きしたら、昔は「武蔵国男衾郡」（ムサシコクオブスマゴウリ）だったと教えて下さった。

何事も

男衾小学校とか男衾自然公園などに、男衾の名が残ってはいるが、現在の町名は寄居町。広辞苑には鎌倉時代の絵巻に出てくる武士の名前が「男衾三郎」と出ている。古い地名の発祥はこれかも知れない。

何事もハッキリしないうちが楽しい。ハッキリしてきたのは、残り少ない、我が人生、夢も希望もなくなり、毎月の年金が少々では、この先が思いやられる。

麦畑

荒川の河川敷のような低い所で見た麦畑、2時間ほど歩いたが、麦畑はここだけだった。まさに小麦色、近頃、麦畑を見ることは少ない。もう刈入れが近いようだ。

小麦色に染まった、麦畑の景観を見ていると、心が休まる。静かに広がる麦畑、昔の夢は遠く去り、現実は、花粉症の鼻づまり、5月も終わりだというのに、まだ治らない。

麦畑

荒川
駅から歩いて30分。遠くでホトトギスが鳴いている、近くの河川敷のヤブからはウグイスと、甲高いキジの声が時折聞こえる

37

駅名
真岡鐵道線
ひぐち駅

植物名
ソバ畑

訪れた時期
2020年6月下旬

ひぐち駅

大宮から宇都宮線で小山駅へ、水戸線に乗り換えて下館駅に行く。そこで真岡鐵道真岡線に乗り換え「ひぐち駅」に到着。家を出てから約4時間、今日は雨の心配はなさそうだ。雲は切れて薄日が差し少々暑い。

先週一度、真岡駅まで行き、駅近くを散歩したので、今日は、先週帰りの車窓から見えたソバ畑を探す。久下田駅まで行き1駅戻りひぐち駅で下車、ここがソバ畑に一番近かった。

ソバ畑（ソバはタデ科）

ソバ畑は、線路に沿った道路のすぐ向こうに見えた。ひぐち駅からは近い。薄日に映え、ほぼ五分咲き、白一面のさわやかな、ソバ畑。

先週、タクシーでソバ畑を探してもらったら運転手さんは地元の方で、筑西市周辺はソバの栽培が盛んで、秋のソバ畑には「赤いソバ畑」もあると言われた。秋にもう一度「赤いソバ畑」を探しに来よう。

ソバ畑

ソバ（蕎麦）の原産地は、アジアの中北部だが、古い時代にインド高地、中国北部、シベリア辺りで栽培されていた。日本には朝鮮を経て伝来し、10世紀（平安時代）頃には、一般に栽培され始めていたと図鑑には出ている。

下館《しもだて》駅

下館駅は、JRの水戸線と真岡鐵道真岡線と関東鉄道常総線の3路線が乗り入れているが、どの路線も運転本数が少なく、駅は閑散としていた。

駅前の市役所の建物だけはきれいだが、駅近くの商店も魚市場も映画館も皆、何年も前からシャッターを閉ざしているようだった。

下館駅の１番線ホームが真岡鐵道駅

青木繁

真岡線の出発時刻まで、まだしばらくあるので下館駅前をブラブラしていたら、歩道脇に「青木繁の海の幸」が突然目に入った、何故ここに。近くを探したら3作品が見つかった。出身地でもないのにと思っていたら、この作品の裏にその説明があった。

青木繁は1905（明治38）年に、「福田たね」と一緒にこの近くに滞在し作品を描いた。天才画家の青木繁は28歳の若さで亡くなっている。福田たねさんはその後再婚し、83歳の長寿だったようだ。

	駅名	植物名	訪れた時期
38	東京メトロ線 **赤坂見附駅**	タデ科 **ツルドクダミ**	2020年7月上旬

東京メトロ G 05 M 13 赤坂見附駅 Akasaka-mitsuke Sta.

赤坂見附駅

谷底のような土地の、またその底から這い出てきた感じがする赤坂見附駅。複雑な長い地下道を歩き、階段を上がり地上に出ると梅雨空の下、湿気を含んだ生温かい風が急に当たってきた。

赤坂見附駅には地下鉄の東京メトロ丸ノ内線と銀座線が乗り入れ、半蔵門線と南北線と有楽町線の3本の永田町駅が隣接している、今日は永田町駅で降り、長い地下道とホームを2本も歩いてきたので、余計に深く感じたのかも知れない。永田町駅構内には、しゃれた珈琲ショップがある。同じ長い地下道を歩き、帰りに寄ってみた。

弁慶掘

弁慶橋に立ち、弁慶掘を見る。この古い堀はいつ頃できたのだろうか。堀脇の鬱蒼とした緑が映り込み、水の色は太古の沼のようだ。

赤坂見附は、近くに大使館や高級ホテルが建ち並ぶ東京の一等地、その中央を傍若無人に走る首都高速道路、これが無ければ赤坂見附という名称が生き、弁慶堀の景観も良くなるのだが、誠に残念。

ツルドクダミ

ツルドクダミ（タデ科）

ツルドクダミとクズが、クサギの木に絡まっている

赤坂見附駅から、外堀通りを四谷の方へ歩く、首都高の道路脇に「ツルドクダミ」がクズに負けずに、旺盛な繁殖力で、他の木や金網に絡まっていたが、花の時期は10月頃の秋。

ときどき、雨がぱらつき、今は薄日が差し、新型コロナの影響でマスクをしての散歩は暑いが、梅雨空の狭間、この変わりやすい陽気は気持ちがいい。堀に沿い歩き、紀伊国坂を右に曲がる。この辺りは堀とホテルと迎賓館などがあり、みどりの豊富な所だ。

ツルドクダミは図鑑によると、江戸時代に根を不老長寿の薬として中国から長崎に入ったが、現在は各地に野生化している。特に長崎と東京に多いようだ。

それから

それから3カ月がたち、10月の中旬にもう一度、弁慶掘近辺を歩いた。ツルドクダミは、白い小さな花が房状にたくさん付き、遠くからでも良く目立つきれいな花なのだが、歩道脇の金網に縦横無尽に絡まった大きな株が、バッサリとすべてきれいに、刈り払われてしまっていた。

小さな花なので、近くでしっかり撮りたかったのだが、植えた花ではなし、勝手に生えた雑草なので致し方ない。少し堀の奥には元気な株が、まだまだあるので、また来年を楽しみにしよう。

39

駅名
京王線
芦花公園駅

植物名
ユリ科
ウバユリ

訪れた時期
2020年7月中旬

芦花公園駅

しばらくぶりに、新宿駅から京王線に乗った。何年ぶりだろうか。大昔には下北沢に住み、調布の勤め先まで毎日京王線で通勤したこともあった。芦花公園駅には今回が初めての下車。現在駅は改良工事中、急行は止まらない。駅近くにコンビニはあった。

芦花公園

芦花公園は、駅から大型のマンションが立ち並ぶ閑静な住宅地を歩き20分くらい。思っていたより大きな公園だった。

残り少なくなった人生の終わりになって、あちらこちらと、気になっていた所を訪ね歩いている。ここもその一つだ。若い頃には「そのうちに行こう」なんて思いながら50年も立ってしまった。

芦花公園は、徳富蘆花が亡くなって10年後に親族が、住居や畑地などのすべてを東京市に寄付したのが始まりで、その後、次々と拡張して現在の広い公園になったそうだ。

ウバユリ（姥百合　ユリ科）

梅雨の晴れ間に、ウバユリが咲き出していた。このウバユリは、明治の末期に徳富蘆花がここに住み始めた頃からの自然のウバユリなのだろうか。現在は大都会の公園の雑木林の中に、30本ほどが群生し咲いている。

自然と人生

徳富蘆花の『自然と人生』を読んだのは20代の頃、おふくろが蘆花のファンだったので、その影響かも知れない。

その中でも「山百合」の書き出しの名文「後山山腹の茅萱青々と茂れる中に……」は、今も思い出すことができる。

広い園内を歩いたがウバユリは見たがヤマユリは見つからなかった。

40	駅名	植物名	訪れた時期
	東武東上線 **朝霞駅**	ヒガンバナ科 **キツネノカミソリ**	2020年7月下旬

朝霞駅

今日も、雨が降る中を、朝霞駅から、2019年の今頃のタウン誌で紹介されていた「キツネノカミソリ」を見に行く。駅からバスに乗る。自衛隊の朝霞駐屯地に隣接する新座市営の霊園の中に、キツネノカミソリの自生地はあった。

キツネノカミソリ（ヒガンバナ科）

市営の霊園の脇、黒目川に沿った西斜面の雑木林の中が、キツネノカミソリの自生地だった。雨の中、滑りやすい足元を気にしながら、蚊に刺されながら……、自然の山には蚊はいないのだが、都会の公園には蚊が多くて閉口する。キツネノカミソリは、そこここに群生し良く咲いていた。

キツネノカミソリ

黒目川の右斜面の雑木林の中がキツネノカミソリの自生地

南大通り

オリンピックの競技施設のためか、きれいに整備された駅近くまでの南大通りを、降り続く雨の中を歩き、帰りは戻ってきた。

2020年の梅雨は長く、毎日、毎日雨続き、7月の下旬だというのに今日も朝から雨、昨日から降り続いていた。雨の中でもこの道はみどりが豊富で楽しい。雨期と思えば心も軽い、梅雨明けは、もう少し先になりそうだ。

南大通り

41

● 駅名

京浜急行逗子線

逗子・葉山駅

● 植物名

ユリ科

ヤマユリ

● 訪れた時期

2020年7月下旬

逗子・葉山駅（海に近い終点駅）

今年（2020年）の3月に駅名が「新逗子」から「逗子・葉山」に変わった。3月の報道で知り、行かなくちゃ、と思いながら今日になってしまった。

駅名に、葉山と付くので、もう少し線路が延長されて、葉山に近くなったのかと思ったが、駅名だけで、駅舎は変わっていないようだ。

自然と人生

先日、世田谷の芦花公園で、徳富蘆花の記念館を見学したら、明治30年頃に蘆花は逗子に3年ほど滞在し、そのときに名作の『自然と人生』を書いたことが分かった。

それで今回、梅雨の雨が断続的に降り続く中を、訪ねてみた。駅に降りたときは、つかの間、晴れていたのだが、歩き出したらまた降ってきた。もう少し天気のいい日にと思ったが、今がヤマユリの季節だからと出かけてきた。残念なことに目的地辺りは住宅が密集していて、ヤマユリは見当たらなかった。

これは何年か前に高尾山で見た山百合

ヤマユリ（山百合　ユリ科）

名作、自然と人生の「山百合」の項の初めに出てくる名文「後山山腹の茅萱青々と茂れる中に、宵の明星の如く一點両點山百合の花白み初めしと思えば……」の、このうしろの山が現在記念公園になっている所のようだ。

このうしろの山が、山百合が咲いていた「後山山腹……」のようだ

130年近く前には、このうしろの山にヤマユリが点々と咲いていたのだろうか。雨で滑りそうなので記念公園の方には行かず、近くをウロウロして戻ってきた。この「後山」の場所が確認できれば、それで充分。

逗子のなぎさビーチに建つ、石原慎太郎さんの「太陽の季節」の記念碑

42	駅名	植物名	訪れた時期
	JR御殿場線 **上大井駅**	ウリ科 **ヒョウタン**	2020年8月上旬

上大井駅

東海道線の国府津《こうづ》駅で、快速アクティー熱海行きの長い列車から、たった2両の沼津行きの御殿場線に乗り換えたが、この落差は大きい。ここはまだ神奈川県、山奥の田舎の駅ではない。ここに昔むかし東海道線が走っていたとは思えない、のんびりとした、2駅目の上大井駅に到着。真夏の太陽が輝く無人駅で、列車の本数は1時間に1本ほど。

上大井駅の駅舎は、老朽化はしているが、おもむきのある木造の駅舎だった。この駅舎と「ヒョウタン」を今日は撮りに来たのだが、駅舎の正面入口脇にどっかりと大きな自販機が2台と、プラスチックの椅子が並び、とても絵にならない。どこの駅へ行っても自動販売機ばかりが目立ち、折角の年代物の駅舎の景観を台無しにしている。

ヒョウタン（瓢箪　ウリ科）

大きなヒョウタンが出迎えてくれた。上大井駅構内のホームと駅舎の間に、毎年ヒョウタンを地元の有志の方が植え、だいじに育てて下さっているようだ。

ヒョウタンは、図鑑などによるとアフリカか、熱帯アジアが原産地で、ユウガオの変種とある。花は白で夕方咲き明朝にはしぼむ、若い実は食用になり、いろいろの栽培品種があるそうだ。紀元前の古い時代から水を運ぶ容器として世界各地で使われ、酒や薬の容器や食器など我々の生活全般に広く使われていたヒョウタンは、重要な植物だったそうだ。

ヒョウタン駅

この駅と、ヒョウタンのことは、鉄道雑誌を何冊もお出しになっている、杉崎行恭氏の名著『木造駅舎紀行200選』に紹介されていたので今回訪ねてみた。駅の入り口に、「ヒョウタン駅」と看板が出ている。この一帯がヒョウタンで、町おこしをしているのかも知れない。

国府津駅

来るときに、乗り換えた国府津駅は、鉄道雑誌、週刊朝日百科『鉄道全路線』によると、JRの前身、国鉄時代に就任した名物総裁「石田禮助氏」が国府津駅から東京駅に、毎日通勤したことが出ていた。蝶ネクタイで無報酬に近く、年に1本のブランデーが報酬で83歳まで、国鉄の改革を進めた偉い人だったそうだ。

43

駅名
東急世田谷線
宮の坂駅

植物名
ブナ科
スダジイ

訪れた時期
2020年8月上旬

宮の坂駅

先日、芦花公園の帰りに下高井戸駅で、となりのホームに停車中の黄色い電車を見て思い出した、東急の世田谷線を。45年ほど前に下北沢に1年ほど暮らしていたときに、何度か利用したことがあった。

世田谷線は、2両連結の低床の路面電車だった。自分は、いわゆる「鉄ちゃん」ではないので、これが、日本製なのか、何という車両なのかは分からないが、きれいで機能的で、最新型のように見える。全線で150円は安い。

世田谷線　沿線散歩

新型コロナ、長雨、そして猛暑。炎天下をマスクで歩くのは暑いが、世田谷線の沿線を散歩。まず宮の坂駅で降り、豪徳寺を見学し、となりの世田谷城址公園まで行く、あまりの暑さで戻る。

豪徳寺の境内に招き猫を奉納する所がある。皆さん思い思いの願いがかない、奉納されているようだ。自分も一つ買い、可愛いいのでしばらく家に置いていたが、その後、80歳を迎えたお礼に奉納した

次に、松陰神社前駅で途中下車、松陰神社と若林公園に行く。この辺りは世田谷区役所や学校、図書館、法務局などが建ち並び、世田谷の中心街のようだ。

スダジイ（ブナ科）

松陰神社まで歩く、となりにこんもりとした緑の公園があり、それが世田谷区立の「若林公園」だった。公園の周りをぐるりと植わっている「スダジイ」が良く目立つ。数えて見たら外周に80本くらいと、園内各所に40本ほどもあり、全体では120本近くもあった。

桜やイチョウではなく、スダジイだけが、こんなに多いのはめずらしい。スダジイは、図鑑によると、東北南部から沖縄までの沿海山地に自生する高木で、葉裏は薄茶色。葉や幹が黒っぽく、堂々とした大樹を、公園や学校などでよく見掛ける。

スダジイが目立つ、若林公園

宮の坂駅に昔の古い車両が１台展示されている

44	駅名	植物名	訪れた時期
	秩父鉄道線 **小前田駅**	**駅前の杉の木**	2020年8月中旬

小前田駅

オマエダと言われ、オレだと答える……。ボケがかなり進行し、休みになると電車に乗り、ふらふらと出かける奴はオレだ。今日も、寄居駅から170円の切符を買って、秩父鉄道に乗り、小前田駅へと向かう。8月14日12時33分着。

小前田をオマエダと読ませる、この面白い駅名はこの辺りの地名で、イカロス出版の名著『珍駅巡礼2』に紹介されていた。それによると、この地は、戦国時代に活躍した武士の小前田氏の居住地だったそうだ。寄居に近いが現在は深谷市に編入されている。

駅前の杉の木

今日は駅名が面白いので、訪ねてみただけで、他には何の目的もない。猛暑の中、熱中症が心配なので、駅近くをほんの少々ぶらついたが、特別な植物は見えなかった。コンビニも商店も駅近くにはない。

駅へ戻り、駅前の巨木を眺めた。駅の創業当時からの植栽だろうか。駅員の方にお聞きしたら、樹齢は100年ほどで、杉の木だそうだ。

初めに見たときは、カイズカイブキかなと思ったが、カイズカイブキ特有のねじれ現象は見られない。何だろうか。家に帰り調べたが、「サワラ」の園芸品種のようだが、今のところは、分からない。

植物は素晴らしい。100年も同じ所で辛抱強く生き続ける。猛暑の中でも、冷たい珈琲が飲みたいなどと言わず、さわやかな顔して青空に向かいさわさわと揺れている。自分にはとてもできない。

根元近くで3本に分かれている

45	駅名	植物名	訪れた時期
	東急東横線 **元住吉駅**	ムクロジ科 **モクゲンジ**	2020年8月中旬

元住吉駅

横浜中華街行きの急行電車で、武蔵小杉駅で乗り換え約1時間。乗り換えも少なく、Suicaで切符も買わずに、誠に楽になったものだが、来るときに、池袋から湘南新宿ラインで来たらJRの武蔵小杉駅から東横線への乗り換えが、延々と長い連絡通路を歩く、大変なことが分かった。

元住吉駅は、2段高架で高い所が駅だった。ふり返ると武蔵小杉駅周辺の高層ビル群が壮観だった。

モクゲンジ（ムクロジ科）

元住吉駅から10分、中原平和公園は、川崎市が核廃絶の願いを込めて、世界に発信するための公園のようだ。この酷暑の中、さわやかに咲くモクゲンジを見付けた。中原平和公園には3本植わっていた。もう30年ほどは立っている樹のようだが、樹の名前も何の説明も見えなかった。

モクゲンジは、ムクロジ科というあまりなじみの少ない科に属し、図鑑によれば、日本には自生地もあるのだが、本当の自生か野生かは、分からないと出ている。

中国から入り、記念樹のようにして寺院や学校、公園などの植栽を見るのが一般的なようだ。オオモクゲンジとモクゲンジにもう一つ、3種類ほどあるようだが、その違いも、自分には分からない……。「ようだ」「分からない」「らしい」ばかりで申し訳ない。何事も分からないうちが、オモシロイ。

モクゲンジの花と実を包む果皮
これは別の所で撮ったのだが、実を包む果皮に特徴がある。どうも7月、8月、9月と3回、咲くようだ

46	● 駅名	● 植物名	● 訪れた時期
	旧国鉄宗谷本線 **旧稚内桟橋駅**	キク科 **コシカギク**	2020年8月中旬

旧稚内桟橋駅（海に近い終点駅）

どこか遠くへと思いながらも、新型コロナの件で今夏は近くをウロウロばかりしている。お盆休みに、鉄道雑誌や植物雑誌を見ていたら、創元社の名著『えきたの 駅を楽しむ』の中に、2010年8月に北海道の稚内で見た「北防波堤ドーム」が出ていた。

北防波堤ドーム

10年前に見た、稚内港の北側にある「北防波堤ドーム」は、1945（昭和20）年の8月の敗戦まで使われた、旧稚内桟橋駅の一部だったそうだ。

サハリン（旧樺太）へ向かう連絡船の乗客が、真冬の風雪を避け、安全に乗下船ができるように作られたもので、全長400mある。昭和13年から20年の8月25日までの7年間だけしか使われなかったそうだ。

稚内港

最近読んだ、梯久美子氏の名著『サガレン』には、戦前に林芙美子、宮沢賢治、北原白秋らが稚内から連絡船に乗り、サハリンを旅していることが出ていた。なかでも宮沢賢治は、サハリン旅行中に乗った鉄道が『銀河鉄道の夜』のモチーフになったのではないかといわれていると出ていた。

あの北防波堤ドームをもう一度書こう。稚内の宿に着き、窓の外に広がる港の光景の中に、このデカイ建物はあった。圧倒的な存在感は素晴らしい。

コシカギク（小鹿菊　キク科）

稚内駅の踏切の近くで見たコシカギクを、北海道では、よく見かける。

荒地、道端、海の近くでも見た。ユーラシア北部原産の帰化植物だが、北アメリカ原産で、ヨーロッパに帰化していると出ている図鑑もある。

花弁はないがカミツレのような葉で、とても気になる帰化雑草の一つだ。いつも思わず座り込み、見入ってしまう不思議な花だ。

コシカギク

47

駅名
東武東上線
小川町駅

植物名
キンポウゲ科
センニンソウ

訪れた時期
2020年8月下旬

小川町駅

何回か通り過ぎて、気になっていた「小川町駅」に初めて降りる。東上線と八高線が乗り入れている。初めての町を歩き出す、この一歩がうれしい。駅から槻川の所まで歩いた。

武蔵野の小京都といわれ、和紙の生産で小川町が繁栄したのはいつ頃の時代だったのだろうか。古い時代の建物がそこここに見えるが、現在は、少々落ち着いている。戦後も昭和30年代までは個人商店にも活気があったが、現在は、日本全国いずこも同じ、シャッターを閉ざして久しい。

センニンソウ（仙人草　キンポウゲ科）

槻川の河原のあちこちに咲いていた。もう少し山沿いへ行くと、良く似た花の「ボタンズル」が見えてくる。どちらも真っ白できれいな花だ。

タカサゴユリのバックに、古い建物が残っている

槻川
むさし嵐山の渓谷を流れている槻川の上流

48

駅名

東武東上線

寄居駅 ①

植物名

寄居町散歩

訪れた時期

2020年8月下旬

寄居駅

何度か乗り換えで利用した寄居駅。東武東上線とJR八高線と秩父鉄道の3社線が広い敷地に仲良くホームを3本並べている。家からは東上線で1時間30分、660円。

東上線だけが終点駅で、あとの2社線は途中の通過駅、3社線とも列車の本数が少なく、静かでのんびりとして、どこか遠くの田舎の駅のようだ。

寄居町散歩

駅前は現在解体中の元商店がいくつか並び、店を開けている店舗は少ない。空き地には雑草が伸び、ガラ～ンとしていた。駅前の拡張や改良の工事中のようだ。古い街がなくなり、どこにでもあるような平凡な駅前にならないようにと思う。

8月末の猛暑の中、今夏は毎日が35度を超す猛暑の連続だった。駅に置いてある観光ガイドを頼りに、荒川に向かい歩き出す。宮沢賢治の歌碑が、何でここにと思う所に建っていたが、『春と修羅』の中に出てくるような、賢治らしい特徴の歌ではなかった。

宮沢賢治の歌碑

宮沢賢治は、1916（大正5）年20歳のときに、地質調査の専門の先生に同行し、秩父、長瀞、三峰地方の地質調査に参加したそうだ。100年以上も前のことだが、そのときに秩父鉄道で「寄居」あたりも、歩いたのかも知れない。

帰りは、荒川沿いに整備された遊歩道を歩き、玉淀駅へ向かう。

ゴミ屋敷

寄居の駅から、改修工事中の街中を歩いていたら、古い無住の廃屋を何軒も見た。これを見て思い出したのだが、大都会でもときどき「ゴミ屋敷」が新聞やネットで話題になる。若い収入の多い女性にその傾向があるようで、次々と通販で購入する物品で、マンションの1室が、ゴミ屋敷になってしまう。

先日見たのは、何十年も手入れがされず、伸び放題の生け垣だった。広い敷地内はぼうぼうの竹やぶで薄暗く、微かに見える、大きな家に、人の気配はするのだが、植物が壁になり、分からない。

人のことは言えない。我が家は3年前に広い4LDKから、賃貸の狭い2Kに引っ越し、大分処分をして押し込んだのだが、狭くて足の踏み場もない有様。何とか家の中だけで、今のところは収まってはいるが、この先がどうなることやら……。

荒川
この辺りは、玉淀と呼ばれる荒川の景勝地

49

駅名
江ノ島電鉄線
極楽寺駅

植物名
鎌倉散歩

訪れた時期
2020年9月中旬

極楽寺駅

江ノ電に乗るときは、家を出る前から心が軽いのだが、あれだ、これだと、ぐずぐずしていたら10時を過ぎてしまった。毎度ながら、ふじみ野駅で急行に乗り換え、池袋に向かうとホッとする。池袋で湘南新宿ラインに乗り換え鎌倉へ。極楽寺駅は観光雑誌などによく紹介され、関東駅100選にも入る名駅、江ノ電は楽しい。

極楽寺

鎌倉散歩

極楽寺駅は、江ノ電で鎌倉から4駅目。狭い窮屈そうな場所に駅はある。駅の裏側に極楽寺が静かにひっそりと建っていた。1259年、鎌倉中期創建の真言律宗のお寺さんで、昔は広大

オミナエシ

な境内に、七堂伽藍の揃った大きな寺だったそうだ。

極楽寺周辺を少し歩き、極楽寺坂を下り長谷へ、途中の道端にはまだ夏の花が残り、ハギが咲き出し、ミズヒキが目立つくらいで、まだ秋の花は少なかった。

サルスベリ

今日も

毎週のように出歩いているのだが、家を出るまでが大変だ。今日も、携帯で天気予報を何度も確認する。雨は降るのだろうか、暑くなるのだろうか、折り畳み傘とタオルを入れ、あの薬も、この薬も持ち、パーカー、水のボトル、地図にカメラ等々、小さなリュックは、もういっぱいに……。

駅も寺も海も見て、雨にも降られず、戻ってきたが、毎度、家を出るまでが大変、歳はとりたくない。自分ながらに呆れる。

湘南の海は明るい

50

駅名
東武東上線
寄居駅 ②

植物名
ツユクサ科
マルバツユクサ

訪れた時期
2020年9月中旬

寄居駅

寄居駅。東上線の終点駅

　このところ、何度か出かけた寄居駅。家から1時間30分。東上線1本で来られる。3年前には考えられないことだが、自宅の引っ越しを繰り返した結果なので、何とも言えない。

　埼玉の奥、低い山々に囲まれ、荒川の清流が町中を流れる、静かな寄居の町が気に入り、また訪ねてみた。小さな商店や家屋が並ぶ細い路地を歩き、荒川に向かう。初めての町の路地裏歩きは楽しい。

極楽寺（真言宗）

　駅でもらった観光地図を見ていたら「極楽寺」が出ていたので訪ねてみた。四国の2番札所が極楽寺で、極楽寺という同名のお寺さんは、各地にあるようだ。このお寺さんは、弘仁年間に、弘法大師（空海）が全国行脚の途上、この荒川の地に立ち寄ったのが寺の開山の起こりのようだ、入り口の案内板にはそのようなことが書いてあった。

極楽寺わきの八高線

マルバツユクサ（ツユクサ科）

極楽寺を探して、荒川沿いを歩いていたら「マルバツユクサ」の大きな群落を見つけた。花は可憐で小さく、昼過ぎだが、もうしぼみかけていた。繁殖は旺盛で群生していることが多い。一緒に普通のツユクサも見えるが負けそうだ。

家の図鑑をいろいろ見ると、マルバツユクサは在来種と帰化種があり、違いは分からないが、根にも閉鎖花が付き種を播いている。輸入した園芸用土の中からもマルバツユクサが発芽するそうだ。

20年ほど前に、奄美大島で初めて見てから、ときどき各地で見掛けるようになった。

51	駅名	植物名	訪れた時期
	JR 上越線 **土合駅**	タデ科 **オオイタドリ**	2020年9月下旬

土《ど》合《あい》駅

土合駅

湯沢駅経由で、上越線の土合駅に初めて降り立つ。20年以上前の、スキーの季節に、車で何度もこの駅前を通ったことがあった。土合駅の標高は663 m。

毎日、土合駅を通過する列車は上下とも5本だけの静かな駅。構内放送も、発車のベルも、鳥のBGMもなく、駅員さんもいない無人駅。屋根もなく真っ直ぐに延びたホームの脇には、ススキが静かに揺れていた。

地下連絡階段

この建築物をなんと表現したらいいのだろうか。駅の構造物としては、北海道稚内の北防波堤ドームのようなイメージだが、ここはまだ現在使われている。階段の段数が462段で、別に改札までに24段があり、総数486段もあるそうだ。若い鉄道ファンの人たちが階段の上り下りを楽しんでいた。

新潟方面に行く、下りの地下ホームへの連絡階段

駅茶

駅の改札の脇にある、切符売り場と駅の事務所だった所が、駅茶という珈琲屋さんになっていた。ここでのんびりと、ひと休み。今まで忘れて

いた、新型コロナのことが頭に浮かぶ。新型コロナが、どこまでも追いかけてくる。この清々しい谷川岳の山麓までも。

鉄道雑誌の『えきたの 駅を楽しむ』で見て今回の訪問となった。この本には各地のめずらしい駅が紹介されていて、今までにも何カ所か訪ねてみた楽しい本、まだまだ行きたい所がいっぱい出ている。

オオイタドリ（タデ科）

土合駅へ降りたら、あの猛暑からまだひと月も経たないのに、初秋のさわやかさを感じる。季節の移ろいは早い。

夏の花は終わりに近づき、ススキとオオイタドリが目立つ。道脇のツリフネソウが少しだけ咲き残っていた。2m 近くの大きなアザミはトネアザミだろうか、白い細かな花はオトコエシのようだ。アキノキリンソウとノギクが3種ほど、山陰にはイラクサ科のヤブマオの仲間、ヤブレガサやコウモリソウの仲間などの地味な花が見える。これからは黄葉と紅葉の季節に入る。

谷川岳のロープウエイ駅の所まで歩いた。帰りはここからバスで上毛高原駅まで行き、戻ってきた。昔、スキーシーズンになると、ここの駐車場に深夜に来て仮眠をし、ロープウエイが動き出すのを待って、天神平まで上がり、スキーを楽しんだのが思い出される。あいにく今日のロープウエイは、夏の豪雨の影響で、10月末まで休止中だった。

オオイタドリ

52

駅名
JR横須賀線
田浦駅

植物名
帰化雑草

訪れた時期
2020年9月下旬

田浦駅

いつも素通りの田浦駅で下車。横須賀が好きなのでよくこのあたりには来るのだが、田浦駅は初めてだった。ホームの両端がレンガのトンネルでふさがれた、めずらしい構造の駅。

鉄道雑誌の名著『えきたの 駅を楽しむ』に出ていたので見に来たのだが、ここは複雑な丘陵地の外れで、狭い所に国道と鉄道が走り、この駅の他にも、京浜急行線の安針塚駅、逸見駅、汐入駅なども前後にトンネルが迫っている。

田浦トンネル

レンガの壁に、トンネルの歴史が刻まれていた。それによると、このレンガの田浦トンネルは1889（明治22）年に建造され、その後大正14年に電化工事にともないコンクリートで側壁が補強されたそうだ。駅の開業は1904（明治37）年。この存在感は、素晴らしい。

帰化雑草

駅の北口へ出た。駅前にコンビニは見えない。近年できた大きなマンションが1棟、あとは古い大きな工場か倉庫の、芸術的に赤錆びた建物が並ぶ、この殺風景な佇まいがなかなか渋くていい。

歩く道脇からは、この風景によく似合う帰化雑草のセンダングサ、セイタカアワダチソウ、マツヨイグサ、アレチハナガサ、ツルドクダミ、カラムシなどが歓迎してくれた。

道路脇には古い線路が残る。昔使われた貨物の引込線の跡なのだろう。海が近いのだが、海側に工場や倉庫、海上自衛隊の基地があり、海は見えなかった。帰りは、京急の汐入駅まで行き、横須賀名物のハンバーガーを買い、ボケっとしながら喰っていたら、鳶に狙われ、持っていかれてしまった。

53

● 駅名
東武東上線
鉢形駅

● 植物名
ナス科
イヌホウズキ

● 訪れた時期
2020年10月上旬

鉢形駅

寄居駅近くを、このところ何度か訪ねた。その帰りに「鉢形駅」に降りてみた。初めての駅。近年建て替えられた、和風のなかなかしゃれた駅舎だ。駅近くにコンビニはない。鉢形駅の名前はこの辺りの地名で、駅から30分ほど歩いた丘陵地に、戦国時代の鉢形城跡が、スッキリと広くきれいな公園に整備されていた。

近くの荒川沿いを8月中旬と、9月中旬にも歩いた、季節の移ろいは早い。昨日までは雨で寒かったが、今日は、台風一過で、少し暑いくらいの陽気となった。

イヌホウズキ（ナス科）

駅から、荒川に行く途中の道脇で、うす紫色のイヌホウズキを見つけた。白い花のイヌホウズキはよく見かけるのだが、これは初めて。

家に帰り、9月に出版されたばかりの『帰化&外来植物』という秀和システム発行の図鑑で、イヌホウズキを調べたら7種類もあった。いつも歩く道脇のイヌホウズキを毎日見ているが、いつも素通りで観察したことはなかった。

ムラサキ色の花は2種類出ていた。「アメリカイヌホウズキ」と「ムラサキイヌホウズキ」でこれからゆっくり研究しよう。この図鑑は素晴らしく、楽しみだ。

家庭菜園

長かった猛暑の8月がウソのように去り、9月と10月は、ときどき通り過ぎる台風に左右された、夏から冬への通過点に当たるから、天気は定まらない。

少し郊外を歩いたら、家々の家庭菜園に、ナス、ゴーヤ、トマト、オクラ、ズッキニーなどの夏野菜がまだ植わっていた。1列に1種類ほどの小さな菜園は楽しそうだ。菜園の脇にはコスモスと百日草が咲いていた。

自分も遠い昔、小さな畑に、カンナやヒマワリが咲き、カボチャやキュウリ、トウモロコシを作ったことがあった。目の前の小さな菜園を見ているとなつかしく、昨日のことのようにも思えてくる。

オクラ

ナス

54

駅名
JR 根岸線
根岸駅

植物名
ウコギ科
ヤツデ

訪れた時期
2020年10月中旬

根岸駅

ときどき見ている、日経新聞の土曜の夕刊、文学周遊に「根岸駅」が出ていた。いつも新型コロナの心配が付きまとい、一抹の不安があるので、出たくはないのだが、気になって出てきてしまった。だが電車内やホームの混雑は避けたい。電車内の皆さんは、申し合せたようにマスクで携帯電話、静かなものだ。

根岸駅には初めて降りる、根岸線に並行して首都高の湾岸線が走る。その向こうは大手の石油会社の工場。駅から海は見えないが、15分ほど歩いたら、2階建ての面白い構造の「海の見える公園」があった。

ヤツデ（八手　ウコギ科）

ひと月後の11月中旬に丘の上の公園に行く。花を付けたヤツデがほんの数本、この時期はヤツデ、ツワブキが花を咲かせる静かな季節を迎えた。

ヤツデは東北南部から沖縄までの、太平洋側の海に近い林内に自生する低木で、アオキと同じ日本の固有種だそうだ。子供

45㎝ほどもある、南国の植物のように大きな葉のヤツデ（八手）は、7裂と9裂の葉ばかりで、八つに裂けている葉は見当たらなかった

の頃から見ていたが、庭木としてあまりにも身近で、よく観察したことがない植物だった。

小学校裏の神社の神社林には、タブノキやスダジイ、イヌビワなどと一緒に数本の花を付けたヤツデを見た。本当の自生なのか、民家の庭や公園の植栽から、鳥が運んで野生化したヤツデなのかは、分からない。

帰りは、公園からは下りなので、根岸駅まで歩いてきたが、この辺りは高級住宅街、どこの家にも高級外車が並んでいた。埼玉の我が家の近辺とは少々ちがう。

獅子文六

獅子文六が書いた小説『やっさもっさ』は、根岸の丘の上にあったとされる、孤児院が出てくる。

小説の舞台になった、駅から見える、みどりの高台を目指し、小学校の裏手の細い石段を上がったが、無理をして不整脈の発作でも出たら大変なので、途中から引き返した。

2度目は11月の半ばに、駅からタクシーで高台の公園まで行く。公園内には日経新聞にも出ていた、米軍の基地が残り、基地の近くでは現在も、写真の撮影が禁止という現実があった。

獅子文六氏の作品を読んだことはなく、今回が初めて。作品よりいつも作家の経歴とか、生い立ちに興味がいってしまう。獅子文六さんは横浜市生まれで29歳のときにフランスへ行く。

パリで舞台に魅せられ演劇の研究をした。その後フランス人の奥さんを連れて帰国する。名作をいくつも書いた作家で、文学座の創設にも加わっていたそうだ。

根岸の高台にある森林公園
戦前には、競馬場があったそうだ

55

駅名
東武東上線
東松山駅

植物名
ヒカリゴケ科
ヒカリゴケ

訪れた時期
2020年10月中旬

東松山駅

外壁がレンガ色のタイルで、しゃれた駅舎だ。駅前にはホテル、居酒屋、ヤキトリ屋もそろっている

家から東上線で「東松山駅」へ。乗り換えもなく30分ほどで到着。下見のつもりでのんびりと駅から歩こうと思ったのだが、あいにくと今日は雨、駅を出ると、暇そうなタクシーがいたので乗ってしまった。1100円。次の日はバスで180円だった。

いずれも帰りは歩き。歩道脇の雑草を見ながら40分ほどで戻ってきたが、初めての町を歩くのは楽しい。

駅前で、東松山名物「ヤキトン」をみやげに買った。鶏ではなく豚肉を使っている、味噌だれが付いていた。

ヒカリゴケ（ヒカリゴケ科）

今回の目的は、「ヒカリゴケ」と、書きたいのだが、小さな洞窟の、頑丈な鉄格子の丸い穴からのぞいて見たが、真っ暗で何も見えなかった。天気の良くなった次の日に、もう一度挑戦した。昨日より明るいので、何とか撮ることができた。少し光って見えるだけだった。

ヒカリゴケ

ヒカリゴケは、ヒカリゴケ科の1属1種のめずらしいコケで、北海道の洞窟や東北地方の湿った深い森の中に、わずかに自生するコケのよう

だ。ヒカリゴケという語意には、一種独自な雰囲気を感じる。若いときに話を聞いた、武田泰淳さんの小説『ヒカリゴケ』からきているのかも知れない。怪しく光るヒカリゴケ……。

吉見百穴《よしみひゃくあな》

「吉見百穴」には、小学生の頃に学校の遠足で来たことがあった。70年も前のことだが、この景観は、なつかしい。

なつかしいのだが、国指定の史跡のすぐ近くに、土産物店やトイレ、自販機があるが、どうも気になる。

崩れやすい岩なので、階段や鉄柵を止めて、史跡には立入を禁止してはどうだろうか。大事に管理をして後世に残してほしいものだ。

また後日、この山の裏を抜けて近辺を歩いた。農業用のため池だった大沼や八丁湖をめぐった。

56	駅名	植物名	訪れた時期
	東武東上線 **玉淀駅**	**町で見た花**	2020年10月中旬

玉淀駅

今日は、寄居駅の手前にある玉淀駅で降りた。小さく目立たない駅だが、玉淀と呼ばれる、風光の良い荒川が近くを流れている。

寄居町周辺をこのところ何度か歩いた。寄居町は、東上線の終点だが、秩父鉄道は東西に分かれて延び、八高線はまだこの先を北へ向かっている。大地のはずれでも、高い山に閉ざされた町でもないのに、なぜか、歩いていると妙に心が落ち着いてくる。寄居町と小川町は、江戸時代に、織物や和紙で栄えた古い町だと聞いた。

町で見た花

玉淀駅から、街中をのんびり寄居駅まで歩く、まっすぐ歩けば5分ほどの近い駅だが、知らない街を右に左にゆっくり歩くのは楽しい。自分の旅や散歩には町歩きが多い。秋は、夏の花がまだ残り、実を付けた木や草もあり、にぎやかで明るい。

バショウ

ハナミズキ

キダチチョウセンアサガオ

ノブドウ

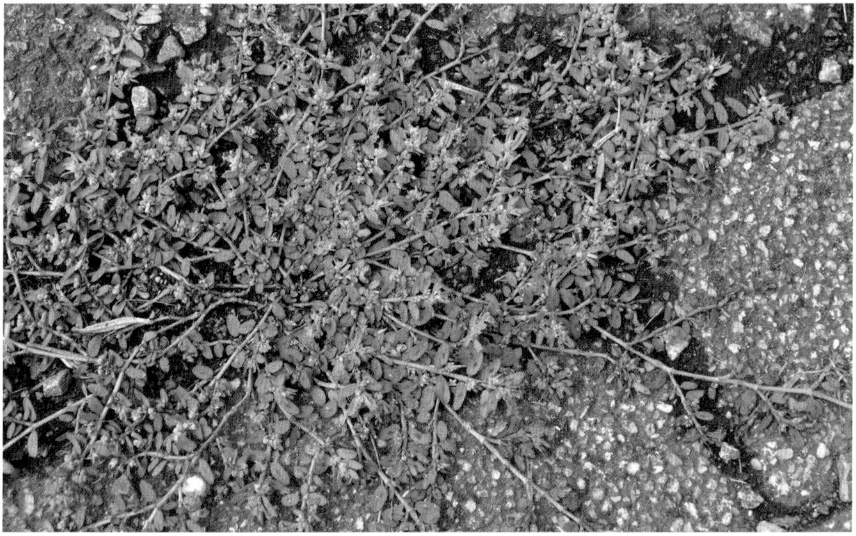

コニシキソウ（トウダイグサ科）
踏まれそうな歩道脇で見た大きな株

57

駅名
JR 南武線と京浜急行線
八丁畷駅

植物名
バラ科
カリン

訪れた時期
2020年10月下旬

八丁畷《はっちょうなわて》駅

この面白い駅名、何度か通り過ぎていたのだが気が付かなかった。JR 南武線と京浜急行線が交差している。

畷

「畷」この字をナワテと読む。駅脇の道路は、江戸時代の旧東海道で、この辺りは、田の中を行く、まっすぐな長い道だったそうだ。それが駅名の由来になったと、駅近くの説明パネルには出ていた。

カリン（バラ科）

八丁畷駅の脇が旧東海道で、この道にはカリンが街路樹になり、60本ほどが植えられて、日当たりの良い所には、カリンの実がたくさん付いていた。カリンの並木はめずらしい。

カリン
中国原産で平安時代には、もう渡来していたらしい

カリンの並木、旧東海道

芭蕉の句碑

芭蕉は、元禄7（1694）年5月に江戸を立ち、ふるさと伊賀へ帰る旅の途中、ここ川崎宿に立ち寄り、俳句の門弟たちと別れを惜しんだ。そのときの句が「麦の穂をたよりにつかむ別れかな」だ。この句碑が駅近くにあった。その5カ月後の10月、旅の途中に大阪で、病に倒れ51歳で亡くなる。

58

● 駅名
東武東上線
みずほ台駅

● 植物名
アオイ科
ヤノネボンテンカ

● 訪れた時期
2020年10月下旬

みずほ台駅

線路脇の建物沿いの緑がヤノネボンテンカ

3年前から暮らしている、東武東上線の同じ沿線の「みずほ台駅」に初めて降りた。

今日の目的の「ヤノネボンテンカ」は、降りたホームから見える。こんなに目的地が近いのもめずらしい。残念ながら、駅のホームからしか、ヤノネボンテンカの花は見えない。

ヤノネボンテンカ（矢根梵天花　アオイ科）

南米原産の園芸用で輸入された植物だったが、逃げ出し各地に帰化しているようだ。極まれにしか見ることがないアオイ科の低木。7月頃から11月頃までと花期は長く丈夫そうな花だ。

みずほ台駅の線路脇に、ヤノネボンテンカが、線路と駅ビルとの間の、エアコンの室外機が並ぶ、狭い空間に咲いている。ここに誰が植えたのか、鳥が種を運んだのかも分からないが、この3年ほど、前の方に乗ると見えるので、ときどき電車の中から見ている。

ヤノネボンテンカを今までに、個人のお宅の庭先で2回と、京都の街なか、静岡の安倍川、東京の多摩川の河原の数回しか見ていない。ここは本来植物を植える場所ではないのだが、20本ほどが元気に咲いている。こんなに多く見たのは今回が初めて、そのうちにバッサリと刈り取られてしまいそうな場所に咲いている。

終の棲家

東武東上線の沿線に移り、そろそろ3年がたつ。30過ぎまでは実家のあるJR中央線の高円寺駅がホーム駅だったが、独立して転々と引っ越しを繰り返した。

まず小田急線の下北沢に1年を振り出しに、小田急線の鶴巻温泉に1年、ここは丹沢の山々が良く見えるいい所だったのだが、また実家近くのJR中央線の高円寺に戻り6年。

その後、京王線の多摩センターに移り1年。西武国分寺線の萩山駅前に1年。西武池袋線の小手指駅前に8年、ここは良かったのだが、またその後、西武新宿線の東村山に1年、西武山口線の西武球場駅前に20年、ここが終の棲家と、思っていたのだが……。

またその後、西武新宿線の航空公園駅近くに4年、ここも「終の棲家」と決めたのだが、またその後、現在の東武東上線の上福岡駅前に引っ越してから3年がたつ。そろそろ80だというのに、まだウロウロしている。

59

● 駅名
秩父鉄道線
大麻生駅

● 植物名
枯れススキ

● 訪れた時期
2020年11月下旬

大《おお》麻《あ》生《そう》駅

今日は快晴、東上線の終点、寄居駅で秩父鉄道に乗り換え8駅を経て、大麻生駅に降り立つ。余計なものは何もない簡素な駅、このような駅で降りたかった。

車両のことは分からないが、2両の車両はかなり古そうだ。沿線の外の景色が、荒野か原野に見えてくる。

気が付いたら、秩父鉄道も車内に英語の次駅案内が聞こえた。「大麻生」はこの辺りの地名のようだ。

枯れススキ

2週間前に一度来て、駅前の荒川の堤防をしばらく歩き右折し、「荒川大麻生公園」の入り口からゴルフ場の脇の道を1時間ほど歩いたのだが、荒川の河原には出られず戻ってきた。

今日も途中まで同じ道を行く。荒川の河川敷なのか、広い藪が広がっている。地図上では「野鳥の森」となっているが、案内看板などは見当たらない。2週間前には、見通しが利かず道に迷いそうだったが、枯れ葉が落ち明るくなった。

大きな木は殆どなく、

道脇にはカジノキが茂り、咲き残りのアワコガネギクの黄色の花が少々。足元には、ロゼット状のカワラサイコが無数に見える。今日は、熊谷市の地図を良く見てきたので大丈夫だ。先日の道を左に歩いたら、簡単に河原に出た。広い河原にはススキとオギが、冷たい風に揺れていた。

これから、どうする。

そろそろ今年も12月。あれは3年前の12月の初め、慌ただしく東上線の駅前に引っ越しをした。あれから早くも3年がたった。3年もここに暮らす予定ではなかったのだが、あくまでもここは「終の棲家」を探すまでの、仮の住まいと考えて移ったのだが、このままではどうも、ここが「終の棲家」になってしまいそうだ。

これから移動するのはキツイ。3年前とは状況が変わり、理想的な「終の棲家」を探す夢は薄れた。車の運転を止めたし、家の者の賛同を今回は得られない。新型コロナの影響で仕事が減り、収入はガタ落ち。健康の面での不安材料が増え、気力も落ち、もうどうでもよくなってきた。これから、どうする。

新型コロナの心配が、いつも付きまとい、寒い季節を迎え、そろそろ80歳。もう老人ホームや墓地を探す段階なのだが、当の本人は分かっていない。

荒川の河原から上流を見たら、遠くに両神山の雄姿が見えた

60

駅名
東急世田谷線
松原駅

植物名
サクラソウ科
シクラメン

訪れた時期
2020年12月上旬

松原駅

東急世田谷線の松原駅

夏の頃に、何度か利用した東急世田谷線に乗り「松原駅」で降りる。８月の折は、猛暑の中、世田谷線沿線を頭に水を掛けながら歩いたが、12月の初旬の今日は、小雨が降る寒い日だ。このところ、寒い曇り空の、しけた天気が続いている。

世田谷線の車両はコンパクトで、朱色、黄色、白、空色、紺色、緑色など、すれ違う車両の色がなかなかカラフル。白い車両は、近くの豪徳寺の招き猫がモチーフになっているようだ。

竹久夢二

本の雑誌に連載中の、沢野ひとしさんの神保町物語外伝に「竹久夢二」のことが出ていたので、今回、松原駅から訪ねてみた。夢二はこの近くに、アトリエを兼ねた自宅「少年山荘」を自分で設計して作り、10年近く暮らしたが、現在は何も残ってはいないそうだ。

竹久夢二は岡山県の出身で、10年ほど前のことだが、生家の近くを訪ねたことがあった。赤穂線の邑久駅からレンタカーで、今日のような雨の寒い日だった。その先の「牛窓」はオリーブ園などがある風光の良い瀬戸内の町なのだが、冷たい雨に煙っていた。

竹久夢二も、太宰治や北原白秋の

ように、引っ越しの回数と、女性の話題が、特に多い人生だったようで、うらやましい。大正浪漫の代表だった竹久夢二は、多くの美人画の名作を残し、1934（昭和9）年に51歳で亡くなっている。

シクラメン（サクラソウ科）

季節は進み、世田谷線の沿線を歩いても、咲いている花は少なく、ヤツデとカンツバキを垣根越しに見た、線路脇にはオシロイソウがまだ枯れずに残り、雨に濡れていたが、花はもう少ししか見えない。

帰りに、新しい品種のような、変わったシクラメンを花屋さんで見たので、ひと鉢買った。シクラメンの原産地はトルコ、シリア、レバノンなどの地中海東部沿岸と図鑑には出ている。

カレンダーも、残り1枚になった。これから年末年始に向け、新型コロナの脅威は増すばかり、どこか安全な隠れ場所はないものだろうか……。

花弁が短い変わったシクラメン

61

駅名
東急世田谷線
世田谷駅

植物名
キク科
ハキダメギク

訪れた時期
2020年12月中旬

世田谷駅

東急世田谷線の世田谷駅

何度も通り過ぎた「世田谷駅」に降りる。東急世田谷線は、路面電車のようで乗り降りが簡単で、少し待てば、次の電車が来る、気楽な電車でありがたい。

2週間前に、松原駅近くを歩いたときは、寒い雨の1日だったが、今日は天気回復、冬型で気温が下がり、線路わきのオシロイソウはみな霜枯れていた。明日は冬至。

駅から近いので、江戸時代から続く有名な「世田谷のボロ市」の会場になる通りを訪ねてみたが、今回は、新型コロナの影響で中止とのこと。新型コロナの影響は広く深刻な状況だ。

ハキダメギク（掃溜菊　キク科）

ハキダメギク

「世田谷のゴミ溜め」で、植物学者の牧野富太郎博士が大正時代に発見し、名前を付けたのが「ハキダメギク」。ひどい名前だと、いろいろの植物関係の本には出ている。「ノボロギク」と同様に可哀そうな名前だ。花は5ミリほどでとても小さい。

世田谷駅は、世田谷区のほぼ中心だが、富太郎大先生が100年前にハキダメギクを発見した世田谷のゴミ捨て場は、どの辺りだったのだろうか。

ハキダメギクは熱帯アメリカ

原産で、花期は6月から11月と図鑑には出ている。が、熱帯の花が12月の中旬、街路樹の根元に、まだ咲いている。咲いているのを見ると、黙って通り過ぎることはできない。ガンバレと、声をかけたくなる。

私鉄沿線

名曲『私鉄沿線』、東急線の沿線に来ると、いつもこの歌が、ボケた頭に浮かんでくる。いい歌だった。

私鉄沿線といえば、小田急線、京王線、西武線と、この3年ばかりは、東武東上線の沿線にも暮らしているのだが、東急線の沿線では、まだ暮らしたことがなく、何か東急線には、あこがれのような物が、あるのかも知れない。

『私鉄沿線』の歌の中に、「**僕の街でもう一度　熱いコーヒー飲みませんか……**」という歌詞があるのだが、老化現象が進み、熱いコーヒーが飲めなくなり、毎日「ぬるいコーヒー」を飲んでいる。老人が二人ぬるいコーヒーを飲む、これは絵にも歌にもならない。

62

駅名
小田急江ノ島線
片瀬江ノ島駅

植物名
カタバミ科
オキザリス

訪れた時期
2021年1月上旬

片瀬江ノ島駅（海に近い終点駅）

新年なので、おめでたい駅、竜宮城のような景観の「片瀬江ノ島駅」を書こう。

老朽化で1年前には建て替え中だったが、2020年の6月に降りたときは、立派な駅になっていた。素晴らしい本格建築、江ノ島の玄関にふさわしい、竜宮駅。

この駅は、改札からホームまで、一段も階段などの段差がなく、横須賀駅も同じで、そのまま歩いて海を見に行ける。この配慮は、老人にはありがたい。

オキザリス（カタバミ科）

ここ何年も、この時期に、江ノ電沿いの道を歩いていないので、新型コロナの心配がなくなったら、もう一度ゆっくりと、歩きたい。

オキザリス咲く、海沿いの小道を、家々の庭先に、もう植えて何年も経ち、花も株も大きい、黄色いオキザリスを、花の少ないこの時期に訪ねてみたい。オキザリスは、南アフリカや中南米の熱帯が原産地だ。

家の近くのスーパーにあった、普通のオキザリス

はやぶさ2

竜宮城のような景観の片瀬江ノ島駅。竜宮（りゅうぐう）といえば、去年の12月初め、6年ぶりに小惑星「りゅうぐう」から戻ってきた、日本の探査機「はやぶさ2」が思い浮かぶ。

探査機「はやぶさ2」は、「りゅうぐう」で採取した岩石の試料の入ったカプセルを、豪州の砂漠に投下し、また次の小惑星を目指して飛び去ったという。

新型コロナで、毎日の生活が脅かされている現在、爽快で素晴らしい、いい話だと思う。「はやぶさ2」には、我々の夢と希望が乗っている。

63

駅名
西武新宿線
入曽駅

植物名
不老川散歩

訪れた時期
2021年1月上旬

入《いり》曽《そ》駅

しばらくぶりに、西武新宿線に乗り「入曽駅」に初めて降りた。この沿線や近辺には、何度も暮らしたのだが、入曽は初めて。駅から少し歩くと住宅地が途切れ、茶畑が広がり、入間の航空自衛隊基地の向こうに、奥武蔵の低い丘陵が見えてくる。

入曽駅は、彩流社の鉄道雑誌『西武新宿線』によると、川越鉄道の駅として、所沢駅や川越駅などと一緒に1895（明治28）年開業の、古い歴史のある駅だそうだ。

不《ふ》老《ろう》川《がわ》散歩

入曽駅から少し歩き、狭山市の老人福祉センター不老荘前の細い流れに、これが地図を見て探した不老川？　名前はいいのだが下水のようだ。細い上流には全く水は流れていないが、ここより下流には、下水の処理水が流されていると、近くの不老川の説明パネルには出ている。

不老川は、西多摩郡瑞穂町の駒形富士辺りが源流のようだ。細い流れが、国道16号線に沿い斜めに北上する。その先は入間市から8号線（川越入間線）に沿い、また斜めに北上し、狭山市の入曽駅近くを流れ、川越市で新河岸川に合流している。

合流地点近辺は、家から近いので何度か歩いた。二つの川が合流しV字型になってはいたが、不老川に水が全く流れていなかった。源流が枯渇し、台風や大雨のときだけ流れる川なのかも知れない。

好きだった

先週末、前年に続き2回目の緊急事態宣言が出た。新型コロナの猛威は収まらず、身の危険を感ずるようになったので、新年早々だが、しばらく植物散歩を休もう。

暖かい春が来るまで、昔の流行歌でも口ずさみながら、のんびりと過ごそう。いつも思い出すのが、この歌、「好きだった　好きだった……」。いい歌だった。「こんな一言　あの時に 言えばよかった……」。こんなことも、大昔にはあった。

不老川
下流の川床は白く干上がり、水はまったく流れていない

64

●駅名

オアフ島

ホノルル空港

●植物名

この木なんの木

●訪れた時期

2000年2月上旬

ホノルル空港

新型コロナが近くまで来ているようで、不安な日々が続いている、植物散歩はしばらくお休み。今日も昨日も、最高気温は7度しかならず寒い、常夏のハワイの古い写真でも見ながら、思い出し、楽しもう。

ハワイには、1971年に花の観察会で、1997年には社員の結婚式の出席で、1998年は植物園巡り、2000年は「この木なんの木」を見に、の計4回。初めて行ったのは50年も前になる。

1971(昭和46) 年

この木なんの木は、マメ科のモンキーポッド（アメリカネム）

ギンケンソウ
寿命は50年ほど、最後に一度だけ花が咲き枯れるキク科の高山植物

65

● 駅名
マレーシア
クアラルンプール空港

● 植物名
ラフレシア科
ラフレシア

● 訪れた時期
2013年2月中旬

クアラルンプール空港

新型コロナの脅威で、植物散歩はしばらく、お休みしている。

今日は成人の日を含む3連休の最終日、ゆっくりと前日の日経新聞を見ていたら、マレーシアのことが出ていた。マーガリンや揚げ油の原料になるパーム油の値段が高騰していることが。

高速道路わきのアブラヤシ農園（パーム油の原料）

マレーシアとインドネシアは、パーム油の世界の90%もの主要な産地で、パーム油農園で働く就労者の殆どが近隣のバングラデシュ、カンボジア、フィリピンからの外国人だそうで、新型コロナの影響で移動が制限され人手不足が続き、世界のパーム油の値段が高騰しているとのこと。

ラフレシア・カントレイ。直径60cm、
ラフレシア科

ラフレシア（ラフレシア科）

マレーシアには、2013年の2月に一度だけ「花の観察会」というグループ旅行に参加した。クアラルンプール空港からバスに乗り、アブラヤシのプランテーションが延々と続く高速道路を7時間も走り、その時にパーム油の原料のアブラヤシを飽きるほど見た。

標高1600mのキャメロンハイランド

の高級ホテルに深夜に着き、3泊。現地の人の案内で密林を歩き、ラフレシアを探した。ラフレシアは根がなく葉もない花だけの植物で、ブドウ科のつる植物に寄生している、宿り木植物だそうだ。この世の花とは思えない不思議な花だ。

他にも珍しい花をいろいろと見たが、8年も前なので、花の名前は殆ど忘れた。

ホテルのバイキングの朝食が、インド料理、西洋料理、中華料理ありで種類も多く、とても旨かったのは忘れない。

金子光晴

マレーシアと金子光晴のことは、長いことアチコチを読み散らかしたが、詩人であり、紀行作家でもあり、ランボーの詩の翻訳もある。その他、画才があり、食うために絵を描き、売りながら旅をした男だったそうで、読み進むと、益々魅力が、増してくる。

光晴は、いろいろと問題を起こす美人の奥さんを連れて、海外を５年も、さまよい歩いた。作品よりも、放浪なのか、旅なのか、あの貧乏旅行に、関心が行ってしまう。マレーシアには金子光晴の足跡が多くあるのだが、まだ一度も訪ねたことはない。

キャベツくらいの大きさのラフレシアの蕾

66

駅名
奄美大島
奄美空港 ③

植物名
マメ科
モダマ

訪れた時期
2012年4月上旬

奄美空港

奄美空港

新型コロナの心配があるので「植物散歩」は今日もお休み。緊急事態宣言に協力し、勤めは週2日だけ、あとは家でぶらぶら、いい身分でありがたいが、家にばかりもいられない。

9年前の、古いアルバムを見ながら奄美や沖縄の南国を散歩しよう。古い写真だが、寒い季節に見ると、奄美や沖縄各地の植物の景観は、素晴らしい。

奄美空港からは、那覇便と喜界島便、徳之島便、沖永良部島便が出ている。それぞれの便に乗り各地を訪ねたこともあった。新型コロナの心配の現在、亜熱帯の島々の旅は、夢のような気がする。

モダマ（マメ科）

モダマ

奄美大島にはモダマの自生地が沢沿いにあり、太い藤のような蔓がまわりの木に絡まり、1mほどの大きな実がぶら下がっていた。

前にも書いたのだが、奄美には7回ほど出かけた。モダマやノボタンなど、亜熱帯の植物が豊富で、楽しいところなのだが、もう車の運転をやめたのでレンタカーは使えず、鉄道のない奄美や沖縄の旅先は、これからは限定される。

九州の先、屋久島、種子島から始まる、南西諸島の島巡りの旅は、大東島も与那国島にも行ったので、もういいとするか……。

ノボタン（ノボタン科）

これは園芸品種かと思うほどきれいな花が、車道脇の緑地にゲットウやコンロンカと一緒に、色鮮やかに咲いている。山沿いにはイジュウの白い花が咲き、春から初夏の、奄美は花盛りだった。

サツマイモは、ヒルガオ科

ノボタン

67

駅名
沖縄本島
那覇空港

植物名
ムラサキ科
モンパノキ

訪れた時期
2007年1月上旬

那覇空港

正月の挨拶も、新型コロナのことばかりだった。なんとか静かに収まってほしいものだ。

現在、沖縄の2泊3日の旅の格安料金が、38000円と出ている、それでも飛行機もホテルも、ガラガラ空きの状態らしい。

那覇空港。遠くに慶良間諸島が見える

モンパノキ（紋羽　ムラサキ科）

モンパノキは、奄美大島が北限の海岸植物。アダンとクサトベラとモンパノキの3種が仲良く、南西諸島のサンゴ礁の浜辺を飾っている。

モンパノキは、葉が白く大きくさわやかで、西洋風の洒落た感じがする。3mか5mほどの低木だが、樹形が傘型で面白い。公園樹や庭園樹にも使われている。

モンパノキ
2005年、久米島で

モンパノキ
2007年、那覇市内にて

石敢當
セキカントウと読む、沖縄各地を歩くと見かける。道路の突き当りや家の角などで見られる悪魔除けの石らしい

68

駅名

宮古島

宮古空港

植物名

キツネノマゴ科

ミヤコジマソウ

訪れた時期

2001年3月

宮古空港

宮古空港

新型コロナの心配が続く毎日だが、今日も古いアルバムを見ながら、沖縄の宮古島のことを書こう。

宮古空港に降り立ったのは、2001年の3月5日で、もう20年も前になる。宮古島には泊まらず、6時間ほど、忙しくレンタカーで見て歩き、夕方の飛行機で、また那覇に戻ったのか、石垣島へ行ったのか、定かではないが、いつもの急ぎ旅だった記憶がある。

ミヤコジマソウ（キツネノマゴ科）

宮古島草と名のついた小さな草。このとき見たのではないが、その後、植物園の温室で見て、覚えたのだが、温室のハイビスカスなどの植込みの下草に、たくさん使われている、地味で小さな、つる状の草。宮古島で最初に発見されて名前が付いたのだろうか。分布は図鑑によると宮古島と台湾となっている。

ネフスキー

2013年1月発行の、日本トランスオーシャン航空の機内誌『Coralway』(コーラルウエイ)が1冊手元にある。南西諸島便に乗ると、いつもこの機内誌を楽しみにしていた。

この古い機内誌に、宮古島のことが載っている。ニコライ・ネフスキーというロシアの言語学者で語学の天才、当時30歳が、1922(大正11)年と大正15年と昭和3年の3回も宮古島に沖縄の方言を調べに、来島したことが出ていた。

ネフスキーは、大正4年から昭和4年までの14年間日本に滞在し、高校や大学の教師をしながら、柳田國男や金田一京助と交流し、アイヌ語や沖縄の方言の研究をした。

ロシアに帰国後45歳のときに、スパイ容疑で日本人の奥さんとともに銃殺されてしまった。その後、昭和32年に名誉回復、昭和37年にはレーニン賞を受賞、数奇な運命の言語学者だったそうだ。

東平安名崎(アガリヘンナザキ)

69

駅名
沖縄県渡嘉敷島
渡嘉敷港

植物名
緑・花文化の知識認定試験

訪れた時期
2004年11月

渡嘉敷港

渡嘉敷港

今日も、古いアルバムを見ながら、奄美・沖縄散歩を続けよう。

2004年の11月に、那覇市内で「緑・花文化の知識認定試験」を受けた次の日、宿から近い泊港から船で渡嘉敷島へ渡った。あまりにもきれいな海に、一人で感嘆の声を挙げた。ここはどこだろうか。

緑・花文化の知識認定試験

長い名称なので「緑・花試験」と書こう。環境庁がやっていた国家試験のようなもので、毎年秋に、全国で11回開催された。

初めは知らなかったので5回目の2003年に埼玉で受けた。次から沖縄で3回、北海道で1回、神奈川で1回、東京で1回の計7回受験した。

試験の成績により、3級、2級、1級と、特級があり、特級を3回取ると「花の文化士」という資格がもらえるのだが、これが問題だった。

簡単に取れると思っていたのだが、特級が取れたのは最終回のときだけで、あとは散々の成績に終わった。

那覇市内の試験会場

花の文化士は、まさに高嶺の花だったが、たくさんの花の友ができて、うれしかった。あれから10年以上も経ってしまった。あのときの皆様は、お元気でお過ごしだろうか。

渡嘉敷島の南西側にある、サンゴ礁の白い砂浜が続く、阿波連ビーチ

70

● 駅名
天草エアライン線
天草空港

● 植物名
ハマジンチョウ科
ハマジンチョウ

● 訪れた時期
2006年5月中旬

天草空港

今日も、新型コロナの緊急事態宣言中で、家で古いアルバムを見ながら、思い出し、天草を歩いた。

天草空港に降りたのは、2006年5月7日。福岡から39人乗りの快適なプロペラ機、天草エアラインで30分。

ハマジンチョウ（浜沈丁　ハマジンチョウ科）

5月では、もう殆んど花は終わっていた。天草以外にもこの前後に、五島、種子島、奄美大島、沖縄に「ハマジンチョウ」を探しに行ったが、ここ天草は群落が大きく、自然状態がよく、ハマジンチョウも元気だった。

ハマジンチョウ

沖縄の自生地は、公園になり、根元の近くまでコンクリートで固められ、状態は良くなかった。ハマジンチョウのような海浜植物は、自生地が開発で消滅し、絶滅危惧種になってしまっている。

五足の靴

天草の、ハマジンチョウの自生地に近い富岡港に、1907年、5人の文学青年が、九州一周の旅の途中に訪れた。これが「五足の靴」のメンバーで、リーダーの与謝野寛に、北原白秋、木下杢太郎、吉井勇、平野万里の5人が名を連ねる。

5人は、ここから徒歩で海岸線を30km余りも歩き、大江天主堂のガルニエ神父に会い、神父の話に感銘を受け、その後の白秋の『邪宗門』などの南蛮文学につながったと、2008年12月3日の日経新聞夕刊「旅」の所には出ていた。

大江天主堂

北原白秋邪宗門詩碑

ハマジンチョウの自生地

71

駅名
東武東上線
東武竹沢駅

植物名
アオキ科
アオキ

訪れた時期
2021年3月上旬

東武竹沢駅

伝統工芸が盛んだった小川町の一つ先「東武竹沢駅」で初めて下車した。駅近くに民家は見えるが、山が迫ってきている静かな山村の駅。駅員さんはいないようだ。駅近くに、コンビニはなく、駅の標高は120mだった。開業は1932（昭和7）年。

竹沢駅のとなりに、新駅「みなみ寄居駅」が昨年の10月だったかに開業した。工事中の駅を、寄居の行き帰りに何度か見た。JR八高線の「竹沢駅」は、少し離れた所にある小さな駅。八高線は1時間に1本程度と本数が少ない。

アオキ（青木　アオキ科）

今更「アオキ」をと思うが、アオキとヤツデは、身近に見る植物だ。どちらも日本の固有種で、どちらも個性的で不思議な低木。官の倉山の登り口の薄暗い植林のスギ林の中で、艶々とした赤い実を付け、登山道を飾っている。

新潟の加茂神社の神社林に、ユキツバキ（雪椿）を見に行っ

たことがあった。ユキツバキと一緒に、背の低いアオキが近くに自生していたのを初めて見た。雪深い、日本海側のユキツバキがあるような所にだけ自生する「ヒメアオキ」は、ユキツバキと同じように弱々しい細枝が、雪の重みで横に傾いていたが、あの存在が印象的だった。

官の倉山

不要不急の外出は控えるようにとの、政府の要請に沿い、2カ月間はオトナシクしていたが、3月初めに解除にならず、また延長になり、しびれを切らし、のっそりと出てきてしまった。

陽は暖かいが風は冷たい。駅からぶらぶら歩き、官の倉山の山麓をゆっくり散策する。杉木立の中、薄暗い登山道のアオキを見ながら少し登り歩いたが、今の体調ではこれ以上は無理、いろいろ整えてはきたのだが、今日は、登り口の小さな沼の前の東屋で、珈琲タイムをとり戻ってきた。年はとりたくないものだ。

72	駅名	植物名	訪れた時期
	東北本線（宇都宮線） **野木駅**	バラ科 **オモイガワザクラ**	2021年4月上旬

野《の》木《ぎ》駅

大宮駅から宇都宮線で40分ほどで、古河《こが》駅のひと駅先「野木駅」に到着する。ここはもう栃木県。駅舎や駅前に特別な印象はなかったが、「野木」という駅名が、前から気になっていて、良い響きがあるので訪ねてみた。駅の開業は昭和38年、コンビニは西口駅前にあった。

思川《おもいがわ》

駅前から真っすぐの道を、思川まで歩く。何年も前から、4月初めに「オモイガワザクラ」を見に思川へと考えていた。思川の名前にも特別な思いがあり、思川は、細い流れで女性的な、やさしい川かと思っていたのだが、枯れた雑草が河川敷をおおっている、ごく普通の川だった。

思川という川の名前に、あまりに期待が大き過ぎたようだ。葦が芽吹く河原に座り、暖かい陽ざしの中、パンと珈琲でひと休み。土手に数本のオモイガワザクラが、葉桜になったソメイヨシノの脇に咲いていた。

オモイガワザクラ（思川桜　バラ科）

小山市内で1954年に発見された桜で、花弁が10枚ほどの八重に近いきれいな桜で、今回初めて見たが、これは期待にそぐわず、きれいな桜だった。

文一総合出版のサクラのハンドブックによると、サクラの研究者で有名な久保田秀夫氏が、小山市内の修道院の、コヒガン　ジュウガツザクラの、実生から育てたサクラだそうだ。

2駅移動し小山駅へ行く。駅前からの街路樹は、オモイガワザクラで、15年ほどの若い木だが、満開の見頃で、ソメイヨシノより色が濃く、見応えのある、素晴らしい桜だ。思川の両岸のあちこちにも植栽されていた。

後日

後日、古河駅から「野木」の地名を調べに野木神社へ行く。神社の由緒や沿革を見たが、野木の地名につながるものは見当たらなかった。

小雨の中を、親切なタクシーの運転手さんの案内で、次に野木町役場に行き地名の由来を訪ねる。係の方が、お忙しいところを、分厚い町史の本を開き、調べて下さり、そのページを少し見せて頂いた。それによると、『太平記』の中の、この辺りのことを書いた箇所に「野木氏」という武士か、その当時の実力者の名前が出てくる、これが野木の地名の由来の一つのようだ。

またその後、図書館で栃木県の地名辞典を見たら、和名抄によると、この辺りの地名は寒川郡奴宣郷（ヌギゴウ）で、このヌギが、野木に転訛したのでは……と出ていた。野木郷、野木村、現在は下都賀郡野木町。

73

駅名
東武越生線
一本松駅

植物名
高麗川散歩

訪れた時期
2021年5月上旬

一本松駅

先日、駅名に魅かれて、東武越生線の「一本松駅」を訪ねた。北口へ降りたが駅舎近くまで民家が密集している。駅近辺を少し歩いたが、大きな「一本松」は見えない。

次の日、図書館で鉄道雑誌を各種出されている杉崎行恭氏の『東武鉄道各駅停車』の一本松駅の所に「その昔、この駅近くの街道に枝振りの良い松が茂っていたことが駅名の由来」だと出ていた。大きな赤松だったのだろうと思う。駅の開業は1934（昭和9）年。駅前にコンビニはないが、少し歩いたら交差点にあった。

高麗川散歩

今回は「一本松」の写真を載せようと思い「一本松駅」を訪ねたのだが、大きな松の木があったのは、昔の話だった。

駅から交通量の多い細い道路を、15分ほど歩き高麗川に着いた。万年橋の脇を降り河原近くに広い草原を見つけた。スポーツ公園らしいのだが、あまり使われていない広場は、春の花がいっぱい。

ゼニバアオイ

キツネアザミ

コメツブウマゴヤシの黄色の花が一面に広がり、その中にアメリカフウロ、クローバーの赤と白、ユウゲショウとヘラオオバコやツボミオオバコ、セイヨウタンポポ、キツネアザミ、ハルジオンが咲いている。

まわりの少し陰にはセリバヒエン

ソウ、ムラサキハナナ、クサノオが咲いている。何年ぶりかでめずらしい「ゼニバアオイ」を見つけた、ほとんどが帰化雑草、ここでゆっくりと楽しい珈琲タイムをとる。

ゆっくりと雑草を見た草原

坂戸駅からビオトープへ

1年後の4月下旬、東武東上線の坂戸駅から、一本松駅から行った高麗川の少し下流にある、「ビオトープ」を訪ねた。いつもお世話になっている銀行の、花散歩がお好きな方に教えてもらった、坂戸駅のビオトープへ。

ビオトープとは、ビオ東武かと思ったら、カタカナ語で「自然観察地」のことのようだ。入り口近くに駐車場とトイレはあるが、売店や遊具はない、高麗川の広い河川敷には遊歩道だけが整備されていた。これがいい。

春は一斉に芽吹き、枯れていた土手もみどり一色になる。今、元気なのは、土手や河川敷を黄色く染めている「セイヨウカラシナ」。この菜の花は、古い時代に帰化し、その後2度目に入ったのが、現在一大旋風を巻き起こしている種類のようだ。

高麗川の河川敷を黄色く染めているセイヨウカラシナ

74

●駅名
西武狭山線
西武球場前駅

●植物名
ヒメハギ科
ヒメハギ

●訪れた時期
2021年5月上旬

西武球場前駅

久しぶりで、西武球場前駅に降りた。なんだか妙な感じがする、7年前までの20年間も暮らした所だったが、スーパーが遠く、車がないと生活できず、住んでいたときは不便を感じなかったが、80を過ぎて、車をやめた年寄りには向かない。こうやってときどき遊びに来るのには最高の場所。

駅前の景観は、だいぶ変わり、きれいで立派になっていた。今日は5月の連休初日、駅のホームには、初期のレッドアロー号の名車が1両停車してあり、多くの鉄道ファンでにぎわっていた。

ヒメハギ（姫萩　ヒメハギ科）

ヒメハギはとても小さな草だ。駅から以前に住んでいたマンションの前を通り、多摩湖（村山貯水池）の見えるところまで歩く。

この辺りがヒメハギの自生地だったのだが、現在堰堤の強化工事中で、ヒメハギの自生地はかなり大きく削り取られ、鉄柵で仕切られ、中に入ることはできない。

残された所をゆっくり、ゆっくりと、調べたら3カ所で数本のヒメハギを探すことができた。とても小さなヒメハギが

踏まれずに、草刈りで刈り取られずに、工事現場のスグ近く、芝草状の雑草の中に、少しだけ残っていたのは、大袈裟にいえば奇跡のようで、ありがたい。

ポリガラ
南アフリカ原産の低木、ネットで見ると、鉢植えが出ていたので一鉢買ってみた。正式名はポリガラ・ミルティフォリア・グランティという、長い名前だそうだ。ヒメハギ科で、花は大きいが、日本のヒメハギとそっくりの花をしている。花期は長い、8月でもまだときどき咲いている

堰堤の強化工事中の多摩湖

75	駅名	植物名	訪れた時期
	JR 八高線 **用土駅**	キク科 **コウゾリナ**	2021年5月下旬

用《よう》土《ど》駅

しばらくぶりに、さわやかな青空が広がる5月の下旬、初めての「用土駅」に到着した。ホームに立ち驚いた。

この駅舎のデザインは、これが駅？素晴らしい。軽くふわっとして、とても夢がある駅舎だ。

このホームに立ち、たった2両の列車を見送っていると、夢が広がっていく。もしかして、この八高線は、銀河鉄道につながっているのかもしれない。

今回も「用土駅」の駅名に惹かれて訪ねたのだが、駅名の由来は、寄居の近くにある小前田駅や男衾駅と同じく、室町後期の戦国武将の名前からきているようだ。

コウゾリナ（髪剃菜　キク科）

コウゾリナがこんなにも群生しているのを見たのは初めてだ。線路脇の土手の

ような斜面を、コウゾリナの黄色い花が埋めている。花が少々小さいようだが、帰化種のコウゾリナは聞いたことがないが、あるのだろうか……。

この駅の周辺は、花が多く、どなたか好きな方がいらして、毎年、タネを蒔かれているようだ。青いヤグルマソウがとてもきれいだ、ありがたい。

コウゾリナ、ヤグルマソウ、オオキンケイギクが、線路脇に広がって咲いている

76

駅名
東京モノレール線
第3ターミナル駅

植物名
ヒルガオ科
ハマヒルガオ

訪れた時期
2021年6月上旬

第3ターミナル駅

人生の終盤にきているので、羽田への御用も少なくなり、ここ2年ほどは新型コロナの影響で不要不急の旅は控えているので、モノレールにも乗らなかったら、駅名が変わっていた。国際線……とかが付いていたと思うのだが、スッキリなくなり「第3ターミナル」駅になっていた。ここからは、今日の目的地の多摩川の川岸は、目の前。

ハマヒルガオ（ヒルガオ科）

今日はここに「ハマヒルガオ」を探しに来たのだが、この辺りも空港の整備が進み、自然の砂浜は前からなかったが、何とか残された古い川岸で、3輪ほど咲いているのを見ることができた。

ハマヒルガオを図鑑で見ると、「日本全土」に分布していると出ている。東京都も日本全土の一部だが、ハマヒルガオが自生するような、砂浜や海岸は残されてはいない。

東京都の両サイド、神奈川との境が多摩川、千葉との境が江戸川。この河口にわずかながらハマヒルガオが自生している場所がありそうなので訪ねて見た。ハマヒルガオは5月6月が花期。

今度は、梅雨の晴れ間の7月の上旬、葛西臨海公園駅で降り、千葉との境の江戸川の河口に。河口の川岸は護岸が整備され自然の砂地の所はなく、ハマヒルガオは見えなかった。葛西臨海公園の中には一か所、前から何度か見た場所に、今回もハマヒルガオはツルを伸ばしていたが、花は見えなかった。

ハナハマセンブリ（リンドウ科）

河川敷の古いコンクリートの隙間に小さなピンクの可愛い花が咲いていた、初めてみる花だと思ったが、2009年の5月に与那国島で見たシマセンブリが、これに似ていた。

ヨーロッパ原産の薬用のベニバナセンブリの仲間で、ここのような沿海地に帰化している花らしい。

第3ターミナル駅前の多摩川
古い河川敷が残っているが、中には入れない

77	駅名	植物名	訪れた時期
	わたらせ渓谷鐵道 **上神梅駅**	**夏草**	2021年7月下旬

上《かみ》神《かん》梅《ばい》駅

いつだったか、旅行雑誌の特集「ローカル線の散歩旅」に、わたらせ渓谷鉄道の「上神梅駅」が出ていた。ホームには季節の花が咲き、古い車両が一両静かに停車し、そこだけ時間が止まっていた。

そこは、山奥の駅に見えたのだが、来てみると線路の向こう側には、公営住宅のような4階建ての建物が建ち並び、改札を出ると目の前に民家が3軒ほどと、駅用の広い駐車場もあった。

夏草

駅の周辺には、特別な野草や山草は見えず、クズ、カナムグラ、ヤブカラシ、センダングサ、カラムシ、イノコズチ、ツユクサ、ミズヒキ、ヤブマオ、マツヨイグサ、ヨモギ、カラスウリ等々、元気のいい、夏草でおおわれていた。

梅雨明け10日と、よくいわれるが、まさに昔からの言葉通り、梅雨が明けてからの毎日、青い空と猛暑が続いている。線路脇のスベリヒユとザクロソウは、真夏の暑さが嬉しいようだ。

木造の古い、上神梅駅

わたらせ渓谷鉄道には、相老駅で東武線から乗り換えたが、それぞれが別のホームで長い跨線橋を上り下りし、トイレに行き、切符を買ったが、初めての駅で、乗り換え時間が6分間しかなく、非常に厳しかった。もう1本待つべきだったの、かも知れない

78

● 駅名
JR八高線
丹荘駅

● 植物名
イラクサ科
カラムシ

● 訪れた時期
2021年8月上旬

丹荘駅《たんしょう》

八高線の丹荘駅は、なんと遠かったことか。5月の下旬に3駅手前の「用土駅」に出かけたときから、次は丹荘駅にと思っていたのだが、諸々が積み重なり、今日になってしまった。

連日の猛暑、新型コロナの厳しい状況、緊急事態宣言、オリンピック、台風情報など、携帯電話の情報過多が原因。毎回ながら、つまらぬ言い訳を書いてしまう。

丹荘駅は、小川町駅乗り換えで2時間弱。用土駅は銀河鉄道のイメージだったが、こちらは真四角の和風の駅舎。駅前に、民家はあるが店舗はなく、のんびりとした佇まい。

丹荘駅の丹荘を、図書館の地名辞典で調べたが、1896（明治29）年の郡統廃合により丹荘村は隣村と合併し神川村に、現在は神川町。丹荘と名の付く、丹荘小学校を駅近くで見た。

風に白い葉裏を返すカラムシ

カラムシ（イラクサ科）

過ぎていった台風の影響か、今日はとても風が強い。日陰のない田んぼの脇を、駅から神流川まで、道端の草を見ながら歩く、暑い。田んぼの脇には水田雑草のクサネムが見えた。

土手の斜面にサワサワと茂るカラムシ。風に白い葉裏を返し、揺れていた。絵になる光景なのだが、なんと表現したらいいのか、いつも言葉が見つからない。カメラもむずかしい。

台風一過の暑い午後、河原や土手、広い河川敷に夏草は生い茂り、マツヨイグサ、センダングサ、ヒメジョオン、クコ、モチグサ、ガガイモ、ヤブカラシ、カナムグラ、カラスウリ、イノコズチ、アキノノゲシ、オオブタクサ、セイタカアワダチソウなどが、年寄りを歓迎してくれた。

神流《かんな》川

初めて見る、清流で知られる神流川。川の流れを見ていると、蕪村さんの句が浮かんでくる、これしか知らないのだが、もう少し小さな流れなら、靴を手に持ち、向こう岸まで渡るのだが、ここは結構深そうだ、やめておこう。

「夏　河を越す　うれしさよ　手に草履」

神流川の清流を渡る八高線

79

駅名
秩父鉄道線
ひろせ野鳥の森駅

植物名
バラ科
カワラサイコ

訪れた時期
2021年8月中旬

ひろせ野鳥の森駅

寄居駅から、秩父鉄道に乗り換えて8駅20分ほどで着く。秩父鉄道は、車内放送が静か、エアコンも控えめでうれしい。帰りは、熊谷駅経由で戻ってきた。

今日の予報気温は33度、駅でもう1本、水のボトルを仕入れ歩きだす。駅から「荒川大麻生公園」は近い。「ひろせ野鳥の森」という名の公園が、駅近くにあるのかと思っていたが、そうではなかった。

カワラサイコ

カワラサイコ（バラ科）

2020年の11月に、手前の大麻生駅から「荒川大麻生公園」に行ったとき、歩く道端にカワラサイコが多いのに気が付いた。花期になったらと思いきや、今日は花期が終わりに近く、花は少ししか咲いていなかった。もう一種類「ヒロハノカワラサイコ」があるが、ここにあるのは、普通のカワラサイコのようだ。

広い公園の南側、荒川沿いの原野のような所に、カワラサイコは、ノイバラやマツヨイグサ、コマツナギ、などと一緒に咲いていた。この辺りの昔の自然を再現し、栽培管理しているようだ。ここは大きな植物園なのかも知れない。

22才の別れ

ここが、荒川大麻生公園（野鳥の森）。広い芝生の広場と駐車場があるだけで、遊具などはなく、野鳥の森にもふさわしい所だ。

明るい草原から、森の中に入ると木立が生い茂り薄暗く「ヤブミョウガ」の白い花が、花茎を真っすぐに立て、白いローソクのように咲いている幻想的な場所があった。思わず、名曲『22才の別れ』が、ボケた頭に浮かぶ、足元には、ムラサキ色のヤブランが静かに咲いていた。

「……わたしの誕生日に22本のローソクをたて……」

ヤブミョウガ（ツユクサ科）

80	駅名	植物名	訪れた時期
	JR高崎線 **深谷駅**	トウダイグサ科 **コニシキソウ**	2021年8月下旬

深谷駅

鉄道雑誌によく紹介されている「深谷駅」に到着した。東京駅そっくりの、堂々とした立派な駅舎だ。

明治時代に深谷に煉瓦製造工場ができ、東京駅の煉瓦も、ここで生産された歴史のある煉瓦の街なのだそうだ。深谷は、煉瓦が町のシンボル。駅舎だけではなく市庁舎、ホテル、駅近くの商店も、みなレンガ色だった。

コニシキソウ（トウダイグサ科）

駅から、４km. ほどの『日本煉瓦史料館』を訪ねてみたが、今日はあいにくと休館日だった。開館は土日のみ。入り口近くの煉瓦の歩道に、コニシキソウが目についた。煉瓦とコニシキソウはなかなかいい組み合わせだ。

近くの小山川まで歩く、蒸し暑い曇り空の下、オオブタクサ、センダングサ、マツヨイグサ、アオゲイトウ、オオイヌタデ、アリタソウ、アカザ、アレチハナガサ、ヨモギ、メイジバ、カヤツリグサなどが生い茂る。

またその上を、カナムグラ、クズ、アレチウリ、マルバルコウなどのつる草が縦横無尽に絡まり、河川敷を埋めていた。オオブタクサは３m以上もありそうだ、アカザも２m以上もあり、別の帰化雑草のように見えた。

煉瓦の歩道とコニシキソウ

81

駅名
東武スカイツリーライン
小菅駅

植物名
ネンジュモ科
イシクラゲ

訪れた時期
2021年9月上旬

小菅駅

小菅駅は、北千住で乗り換え、荒川を渡ってすぐの所にある高架駅。ホームからの眺めは良く、鉄道ファンが何人もホームにいた。自分もウロウロしていたので、人のことは言えない。荒川と高速道路とJRの常磐線と東武線が交差する、狭く窮屈な住宅密集地にあった。梅雨のような長雨も上がり、薄日が差してきた、ありがたい。駅の開業は1924（大正13）年。

下山事件

2020年の日経新聞の文学周遊に、1949（昭和24）年7月に起きた「下山事件」のことが載っていた。その場所を今回訪ねてみた。小菅駅から近い常磐線のガード下の脇に「下山国鉄総裁追憶碑」はあった。戦後の混乱期に起き、真相は謎のままで、迷宮入りした事件だったそうだ。駅の開業は1924（大正13）年。

荒川の夏草

荒川の眺めのいい土手に座り、珈琲とパンで小休止をとる。河川敷には、セイタカアワダチソウ、センダングサ、キクイモ、イノコズチ、オオブタクサ、アキノノゲシ、アレチハナガサ、クズ、カナムグラ、ヤブカラシ、アレチウリなどが夏の終わりを惜しむように、河川敷を埋めていた。

イシクラゲ（ネンジュモ科）

イシクラゲ

河川敷の駐車場の空き地に「イシクラゲ」が、水っぽい芝草の中に見えた。少々気持ちが悪いが、ワカメのようで、この存在は面白い。

いろいろ調べたが、手持ちの植物図鑑には出ていない。イシクラゲの名前は、中華料理のキクラゲに似ているのでイシクラゲとなったのだろう。耕作放棄地や荒地で見かけることが多いが、きれいな芝生の中で見ることもある。まだ分からないことばかりだ。

82

● 駅名
JR 大湊線
大湊駅

● 植物名
トウダイグサ科
コニシキソウ

● 訪れた時期
2021年9月中旬

大湊《おおみなと》駅（海に近い終点駅）

大湊駅

新幹線を八戸駅で、青い森鉄道に乗り換え30分、野辺地駅でJR大湊線に乗り換え40分ほどだったか、終点の「大湊駅」に到着、一つ手前が下北駅。長いこと考えていた大湊駅だが、海に近い小さく静かな駅だった。今回は駅近くに2泊して、明日は恐山に行く。

恐山《おそれざん》

下北駅からのバスで40分ほどの「恐山」に向かう。ヒノキアスナロの原生林の中をくねくねとバスは登り、急に開けたら大きなカルデラ湖の前に出た。恐山は標高828mの火山。賽の河原のような白い岩の上に大きな寺院が広がっていた。1200年前に慈覚大師円仁により開祖された、霊場だそうだ。

あやしいイタコの口寄せと、硫黄臭い岩山のおどろおどろしたイメージを想像していたのだが、カラカラに乾いた白い岩の上に広がる寺院には、殆ど樹木がなく、土産物屋も食堂もわずか、参拝客も少なく、予想は外れた。7月と10月には、お祭りがあり、多くの参拝客が出て、イタコの口寄せもあるそうだ。

コニシキソウ（トウダイグサ科）

北アメリカ原産の1年草、明治中期に渡来し、今では全国の道端にある、と図鑑には出ている。恐山の寺院の参道の敷石の間にも、他の植物は殆ど見えないが、コニシキソウだけは目につく。

コニシキソウ

その参道の敷石のほんの少し外側、火山ガスの臭気がかかる岩の上には、さすがのコニシキソウも育つことができないようで、見当たらなかった。

イソツツジ（ツツジ科）

その、コニシキソウも生えない岩の上に「イソツツジ」は、元気よく咲いている。湿原や硫気荒原に生育する植物と図鑑には出ている。植物の不思議が面白い。

イソツツジ

宇曽利湖
恐山のカルデラ湖、湖岸近くには、ハマナス、ナナカマド、ノリウツギが何本も見えた。ハマナスは山の上にも生育するのだろうか

83

駅名
青い森鉄道線
野辺地駅

植物名
ヒノキ科
ヒノキアスナロ

訪れた時期
2021年9月中旬

野辺地《のへじ》駅

下北駅からの帰り、「野辺地駅」で下車した。列車の本数が少なく静かな駅だった、駅前にコンビニは見えないが、レンタカー会社があり、広々としていた。

長いこと、いつかはこの駅に立ちたいと考えていた野辺地駅。下北半島の北の寒々とした駅のイメージが、駅名から伝わってくるのだが、実際には青々とした森林が近くまで迫り、穏やかな佇まい。雪の季節なら、また、おもむきが変わるだろう。

ヒノキアスナロ（ヒバ　ヒノキ科）

地元では「ヒバ」と言うようだ、下北半島には特に多いそうだ。昨日の恐山のバスの車窓からも、ヒノキアスナロの原生林を見た。

青い森鉄道や大湊線の沿線は、青々とした松や杉、アスナロなどの防風林か防雪林が、刈入れが近い黄色く染まった水田の向こうに、また車窓近くにと、断続的に続く。ここはまさに青森県。

野辺地駅からの大湊線の線路脇には、針葉樹林が特に多く、海沿いを走っているので、海の見える駅があったら、途中下車しようと思っていたのだが、海の

見える小さな駅はなかった。

北の海で

野辺地駅から、タクシーで5分ほどの海を見に行く。道路沿いには民家も立ち並ぶ漁港の脇、きれいとは言えない小さな浜辺をブラブラ歩く。

浜辺の野草は、ハマヒルガオ、オカヒジキ、オニハマダイコン位で、後はどこにでも見るヨモギ、マツヨイグサ、アカザ、コウゾリナ、ヘラオオバコ、ツユクサ、アキノノゲシ、イヌタデなどが砂浜に群生、民家が近いのでトマトまでが一緒に生えていた。

海を見ながら、2時間ほどのんびりとした。北の海で、不要不急の旅を楽しむ。はるか沖合に見えるのは、昨日歩いた恐山の山々だろうか。恐山には、円空と寺山修司の2人の男が浮かんでくる。よく調べてからどこかに書こう。

84	● 駅名 東武東上線 **北池袋駅**	● 植物名 タデ科 **ベニイタドリ**	● 訪れた時期 2021年10月上旬

北池袋駅

北池袋駅で降りたら、生温かい風が吹いてきて、雨が降り出したときもあったが、今日は10月初め、台風一過の快晴となった。池袋の手前の、小さな北池袋駅に到着。駅の開業は1934（昭和9）年。

駅から、大きな煙突が見られる北池袋駅。この煙突は、豊島区清掃工場の200ｍもある煙突で、白くて品格があり、町のシンボル的な煙突だ。煙突のバックの青空に、イワシ雲を浮かべたい。

池袋散歩

今日も、清掃工場の煙突を見ながら池袋散歩を楽しもう。H型の古い煙突を見つけたのは、2020年だったか、街歩きの途中だった。

H型の古い煙突

北国、北海道の小樽の街を歩いたときに、このような煙突や立派なレンガの煙突のある風景に、ぶつかったことがあった。池袋の街で見かけたこの古い煙突も、石炭や薪を暖房に使っていた時代のストーブの煙突のようだ。東京や埼玉では、ほとんど見なくなったが、家々に、煙突のあった時代がなつかしい。

トキワ荘

またその後、西武池袋線の椎名町駅の南口から、歩いて20分ほど、昨年（2020年）の7月にできた漫画ミュージアム「トキワ荘」を見に行く。漫画には興味がないので、中には入らなかった。街と建物と昔の話はなかなかいい。戦前には、この界隈に、若い芸術家が集まるアトリエ村があったそうだ。

ベニイタドリ（メイゲツソウ　タデ科）

ベニイタドリ

北池袋駅から、池袋駅の東口を目指し何度も歩いた道を今日もブラブラと、東上線の脇を行き、大きな陸橋を渡り、JR山手線と湘南新宿ラインの脇の金網越しを歩く。クコ、イタドリ、カナムグラ、ヒヨドリジョウゴ、アオツヅラフジ、オオブタクサ、タケニグサ、キクイモ、センダングサなどが線路脇の斜面に繁茂している。

イタドリの仲間「ベニイタドリ」を見つけた。15年も前の話だが、草津の奥、白根山の賽の河原のようなところで、ベニイタドリを、夏の終わりに見たことがあった。

帰り道、街のどこを歩いても、歩道脇にはコニシキソウとナガエコミカンソウに出会う。これを見ていると、疲れた足も軽くなる。

85	駅名	植物名	訪れた時期
	JR 予讃線（瀬戸大橋線） **高松駅**	ウリ科 **雑草メロン**	2021年10月上旬

高松駅（海に近い終点駅）

JR 岡山駅で、快速マリンライナーに乗り換え、瀬戸大橋を渡り約１時間、終点の高松駅で下車。駅前は広くきれいに整備され、高層ビルが出迎えてくれた。高松港のフェリー乗り場は駅から近い。

雑草メロン（ウリ科）

『週刊　朝日百科　世界の植物95　雑草の文化史』で見た「雑草メロン」を、瀬戸内の女木島と男木島に探しに行く。雑草メロンは弥生時代に伝来した栽培植物だったのだが、長い時代の中で野生化した植物だそうだ。

どちらの島も、平たんな土地は少なく、狭い窮屈なところに民家が集中していた。静かな島の昼下がり、よそ者が歩くのには勇気がいる。ゆっくりと散歩のような格好で歩き、雑草メロンを探した。

『週刊　朝日百科』には、サツマイモ畑の雑草と、出ていたので、家庭菜園のような小さなサツマイモ畑のまわりを探した。女木島で１カ所、次の日に、男木島でも１カ所、小さな実の着いた雑草メロンを、やっと探すことができた。

雑草メロン

女木島　男木島

女木島　男木島

高松港から、フェリーで女木島は20分、男木島には40分、どちらも瀬戸内の島おこし運動の一環なのだろうか、現代アートの作品が島内の各所に見られた。

山沿いの林道の傾斜地で「ダンギク」を初めて見つけた。ダンギクはキク科ではなくシソ科、埼玉では見ない珍しい野草だ。

ダンギク

他にはいつもの、ツユクサ、マルバツユクサ、もう一種シマツユクサだろうか。ヒナギキョウ、センダングサ、コミカンソウ、ハマゴウ、ハマヒルガオ、ノブドウ、タンキリマメ、センニンソウ、ボタンズル、セイタカアワダチソウなど。港近くの砂地の足元には、ザクロソウ、イワダレソウ、コニシキソウがとても元気だった。

作品名　「歩く方舟」　男木島で

86

● 駅名
JR山手線
渋谷駅

● 植物名
ジャガイモ畑

● 訪れた時期
2021年10月中旬

渋谷駅

渋谷駅の開業は1885（明治18）年。今日は、100年に1度の大工事が進行している渋谷駅近くの「渋谷川」を訪ねた。

ホームから、あちこち迷いながら改札へ、改札を出ると、きれいなガラス張りの大きなビルの入り口の前に出た。老人には用のない高級品店の中を抜け、渋谷川専用のような新しいガラス屋根のあるエスカレーターで降りると、目の前が渋谷川だった。

渋谷川

渋谷川は暗渠ではなく、突然ポッカリと地上に出ていた。まさにビルの谷間、川底までコンクリートで固められ、人工的にきれいな水を流している水路のようだ。

渋谷駅の真下が渋谷川の水源かと思ったが、ネットを見ると渋谷川の水源は、新宿御苑あたりと出ている。

この近くは、居酒屋さんやファーストフード店が多く、渋谷川の欄干が長いテーブルになり、焼鳥やビールが置ける、渋谷川を見ながら一杯できる、素晴らしいアイデアだ。

以前は、この川に沿い東急東横線が走っていたそうだ。鉄道の遺構が、ここかしこに残っている。渋谷から3kmほど先の、天現寺橋までが渋谷川、その先は古川と名前が変わっている。

ジャガイモ畑

ジャガイモ

お洒落な、渋谷川の遊歩道を歩く。花壇には、季節の花の他に、ビールのホップの棚や、ピーマンや綿の鉢植えなどが置いてあるユニークな遊歩道だ。一坪ほどの木枠の中に、ジャガイモが植わった植込みがあった。

完成が近い渋谷駅の、超近代的なビル群のすぐ近くに、ジャガイモ畑がある、なかなかいい組み合わせで面白い。

遊歩道の南端に、渋谷区の「日本で一番小さい植物園」、温室だけの可愛い植物園があった。バオバブやハンカチの木も植えてあり、小さいが充実した内容、寒い季節には暖かいオアシスになる。残念ながらこの植物園より先に遊歩道はなく、川に近い所を歩き恵比寿駅に向かう。

87

駅名

JR山手線

恵比寿駅

植物名

ワクラバ

訪れた時期

2021年10月下旬

恵比寿駅

エビスビールの恵比寿駅。これ以上の説明はいらないが、彩流社の鉄道雑誌『山手線』によると、駅の開業は、1901（明治34）年。開業当時は、製造したビールの出荷専用の貨物駅だったそうだ。

ちょうど昼時、駅近辺は小さいが洒落たレストランが軒並みあった。帰りにはエビスビールを一杯、これを楽しみに歩きだす。

ワクラバ（病葉）

いつだったか、仕事場のラジオから流れていた、昔の流行歌『川は流れる』は1961年の名曲で、もう60年も前になる「**病葉を　きょうも浮かべて　街の谷川は流れる**……」。懐かしい、まさに懐メロ。

ワクラバ（病葉）という言葉と、不思議な曲の魅力が何ともいえないいい歌だった。この歌に、ふさわしい場所はないものかと思い、先日、都心を流れる神田川を、高田馬場駅近くで探したが、どこも水面が深く流れも速く、川面に浮いている「ワクラバ」をうまく撮ることはできなかった。

先日見た渋谷川は、細い水路でワクラバが浮かぶような、緩やかな流れの川ではなかった。

目黒川

先日、神田川と渋谷川を歩き、今日は、目黒川を訪ねた。ここには一度、桜の頃に訪ねたことがあった。川幅も広く『川は流れる』の歌のイメージに近い川だ。

雨上がりの午後、植え過ぎの、ソメイヨシノがびっしりと両岸を埋め、淀んだ川面に落ちたワクラバを撮りたかったのだが、川面はきれいでワクラバは見えなかった。仕方なく、雨上がりの濡れた歩道に落ちた、黄葉や茶葉、ワクラバをカメラに収めた。

神田川

目黒川

88

● 駅名
東京臨海高速鉄道りんかい線
東雲駅

● 植物名
トウダイグサ科
ショウジョウソウモドキ

● 訪れた時期
2021年11月上旬

東雲駅

ひと駅先の、新木場駅まで海沿いの倉庫街の道を歩く。２回運河を渡る。今日はもう11月、雲が多く風は冷たい。歩道は人通りがほとんどなく、雑草がいろいろ生い茂り、楽しい雑草天国。東雲（しののめ）はこの辺りの地名、駅の北側には高層マンションが何本も見える。

ショウジョウソウモドキ（トウダイグサ科）

新木場駅までゆっくり歩く、駅前で珈琲タイムをとった後、この先を、駅裏の鉄道と湾岸道路の高架下に沿い、夢の島公園の外れまで、イノコズチを見ながら単調な道を歩いた。

今日は大収穫だった。途中で「ヤブカラシの海岸型」を見つけた。葉が丸く、艶があり、厚い。3年前に千葉の大原の海岸で初めて見たのと同じ。

もう一つ「ショウジョウソウモドキ」をゴミの多い高架下で見つけた。これはポインセチアの仲間で、葉の赤くなるショウジョウソウは、奄美大島で何回も見たが、秀和システムの名図鑑、『帰化＆外来植物950種』によると、これは、南アメリカ原産の帰化植物で、葉は赤くならないそうだ。個体数が少なく、沖縄や小笠原などの暖地に野生するが、本州でも、たまに見つかることがある、と

ショウジョウソウモドキ

出ている。

　沖縄で見たのは、葉の形が少しちがい、もう少し大きかった。東京の新木場駅近くでショウジョウソウモドキを見るなんて、人生の終わりにきて、ゴクタマニハ、いいことも、アルモノダ、ラッキー。ありがたい。

海岸型のヤブカラシ

東雲駅近くの運河

89

駅名
相模鉄道本線
希望ケ丘駅

植物名
キク科
ヤクシソウ

訪れた時期
2021年11月中旬

希望ケ丘駅

大崎駅の湘南新宿ラインホームに、見慣れない濃紺のきれいな電車が止まった。逗子行きを待っていたのだが、急ぐ用もないので乗ってみた、海老名方面行きの電車だった。行く宛も特別ないので30分ほど乗り、駅名がいいので「希望ヶ丘駅」で下車した。

あとでわかったのだが、これは、相鉄線がJRとの相互乗り入れで、今月から渋谷、新宿方面の都心に乗り入れた電車だった。濃紺のきれいな電車は、今回特別に用意した、新車だそうだ。希望ヶ丘駅の開業は1948（昭和23）年。

希望ケ丘

逗子行きに乗り、久しぶりに海を見ようと出てきたのだが、急遽変更して、希望ヶ丘駅で下車した。駅前の案内地図を見て歩きだす。駅の北側が、希望ケ丘の名前通りの丘陵地、登ってゆくと、小学校だか中学校だかがあり、まわりは延々と見渡す限り続く、住宅密集地。

ヤクシソウ

ヤクシソウ（キク科）

駅から、古い上りの坂道を見つけた。竹藪と雑木林が残り「ヤクシソウ」がほんのわずか数本咲いていた。どこを歩いても坂道ばかりで、下りれば、また上らねばならず、学校のまわりだけ歩き戻ってきた。

駅前あたりに買物に行った年寄り

が、ゆっくり上りの急坂を、苦労して帰ってくるのに何人も出会った。大変だ、毎日の買い物が……。

バラの木に　バラの花咲く

帰りに、横浜の山下公園に、海を見に寄った。秋のバラが、よく咲いていた。「**薔薇ノ木ニ　薔薇ノ花サク。ナニゴトノ不思議ナケレド**」、北原白秋の名歌。

暖かな、日差しの午後、しばらく、のんびりと、海を見ていた。我が、つまらぬ人生も、もう少し……。

海とバラも、なかなか、いい。

秋のバラが咲く山下公園

90	駅名	植物名	訪れた時期
	沖縄県西表島 **大原港**	ヤシ科 **ニッパヤシ**	2021年12月上旬

大原港

西表島の大原港

ニッパヤシの自生地が近い上原港にと思い、石垣港の離島ターミナルに行くと、上原行きは本日欠航。大原港行きに変更した。

何年ぶりだろうか、沖縄の西表島の大原港に上陸するのは。新型コロナが落ち着いている、この時期を狙い、今年最後の遠出をしてきた。埼玉では、4〜5日前からに寒い木枯らしが吹く12月初め、南国、西表島はさぞかし暖かいと思い来たのだが、気温は高いようだが、風は冷たい。

ニッパヤシ（ヤシ科）

金子光晴の『ニッパ椰子の唄』でおぼえたニッパヤシ。いつの日か、マレーシアのバトパハの町を訪れて、ニッパヤシを見ようと思っていたのだが、日本にも、その昔『椰子の実』の歌のように、はるか南の島より、流れ着いたニッパヤシがあることがわかり、今回訪ねてみた。健康に不安のある現在、日本でニッパヤシを見ることができ、ありがたい。

ニッパヤシの説明看板の前にあるヤシだが、これはニッパヤシではなさそうだ

大原港から、路線バスで西表島を半周し、船浦バス停で下車。ニッパヤシの自生地を探した。ネットで見たので、自生地への細い道の入り口と、天然記念物の説明看板と、群落の記念石碑は、すぐに見つかったのだ

が、この近くにニッパヤシは1本も見えず、これから先が問題だった。

細い道の先は、20mほどで船浦湾の浅瀬の海に、対岸に渡り、鬱蒼と茂るマングローブ林の中を500mほど歩いて行けば、ニッパヤシの群落にたどり着けるようだが、この先の道案内の表示は、何も見えず、分からない。しばらく、近くをウロウロ、まだ昼前、時間はたっぷりあるのだが、年寄りが、一人で行くのは危ないと思い、あきらめて戻ってきた。

ニッパ椰子の唄

こころのまっすぐな　ニッパよ。
漂泊の友よ。なみだにぬれた
新鮮な睫毛よ……。

詩人の金子光晴がマレーシアのバトパハの町で唄った、ニッパ椰子の唄。中国の上海からヨーロッパ各地へ、2年近くの貧乏旅行の途中に、4度も立ち寄ったバトパハの町。

ニッパヤシは、幹はなく3mほどの大きな葉が、川の淵の泥の中から生えているらしい、雨に濡れた1枚の大きなニッパヤシの葉を、涙にぬれた睫毛に見立てた金子光晴の気持ちが、分かるような気がする。

対岸の、マングローブ林のどこかに、ニッパヤシの群落はあるのだが……

91

駅名
石垣島
石垣空港

植物名
トウダイグサ科
ショウジョウソウモドキ

訪れた時期
2021年12月上旬

石垣空港

昨日、沖縄の西表島に久しぶりに出かけた。ニッパヤシには会えなかったが、マングローブのヤエヤマヒルギなどの、南の植物をいろいろ見ることができた。

石垣空港の場所が変わっていた。以前は内陸だったが、新空港は白保の先の海側に。石垣空港からは２回与那国島に出かけたこともあった。

ショウジョウソウモドキ（トウダイグサ科）

11月の初めに東京の新木場で、ショウジョウソウモドキを見たばかりなのだが、西表島2泊３日の急ぎ旅の帰り道、石垣市の小さな公園の空地で、1mほどのショウジョウソウモドキが20本ほど、雑草の中に群生しているのを見ることができた。幸運というのだろうか……。小さな公園は、ほとんど植樹がなく明るい雑草だけの公園、これがいい。ここで少々珈琲タイム。

ショウジョウソウモドキ

白《しら》保《ほ》の海

空港に行く前に白保に寄ってみた。古い写真の日付は、2008年の８月１日になっている。13年前の静かな白保の海と集落、ほとんど変わっていないようだ。石垣空港がこの先にできたので、表通りの交通量が少し多くなったかも知れない。モンパノキ、ハマナタマメ、スナジタイゲキが目立つ白い砂浜にひとりすわり、13年ぶりに白保の海をしばらく見た。

白保海岸

92	駅名	植物名	訪れた時期
	しなの鉄道線 **中軽井沢駅**	松科 **カラマツ**	2021年12月下旬

中軽井沢駅

先日、山友達から、雪の八ヶ岳近辺の便りをもらった。そこには青空に突き刺さるようなカラマツの印象的な写真があつた。それに魅せられ軽井沢行きとなった。

軽井沢駅で、暖かい新幹線を降りたら、初冬とはいえ軽井沢は、真冬の寒さだった。しなの鉄道長野行きに乗り換えひと駅、中軽井沢駅で下車。駅からの路線バスを降りたバス停の前に、北原白秋の名作、カラマツの詩の文学碑はあった。

どっしりとした大きな自然石に、詩は彫ってあるのだが、もう古くて読めない。数日前に降った雪がうっすらと残り、気分はいいが、足元が危ない。気を付けながら近くの雪のカラマツ林を歩いた。

カラマツ（松科）

カラマツは、外国産の木かと思っていたのだが、図鑑によると、国産で東北地方や亜高山帯に自生していて、日本の針葉樹で唯一の落葉の松だそうだ。木材用にかなり植林もされ、野生化もしているようだ。

白秋の落葉松の詩

からまつの林を過ぎて　からまつをしみじみと見き
からまつはさびしかりけり　たびゆくはさびしかりけり……。

白秋のカラマツの詩文学碑

カラマツ林と浅間山

93

駅名
JR東北新幹線
仙台駅

植物名
仙台門松

訪れた時期
2022年1月上旬

仙台駅

大宮から仙台までの新幹線の1時間少々は、至福の時間。いつもの日経新聞とパンと珈琲を仕入れ、ひと時を楽しむ。正月２日の車内はガラガラ、これは下りの新青森行きだけで、帰りの上り東京行きは超満員だった。

仙台駅は大きい、この沿線では一番大きいかも知れない。駅前に近い街中を縦横に連なる、活気のある大きな商店街の人出はすごかった。皆さん正月の福袋が目当てのようだ。

広瀬川

広瀬川　流れる岸辺
想い出は　帰らず……。

市内観光のバスに乗り、４回ほど広瀬川を渡った。思わず名曲、『青葉城恋唄』が浮かんできた。市内をＳの字状に大きく蛇行して流れる広瀬川。

あれから４カ月、もう一度訪ねてみた、今日は５月の半ば、明るく風光も良くなり緑も色濃くなった広瀬川。

仙台門松

暮れの日経新聞に「仙台門松」のことが出ていた。正月、どこへ行こうか決まっていなかったので、即、仙台行きとなった。

現在は、ほとんど廃れてしまった 仙台門松を見に、駅の観光案内所で教えて頂き、探しに歩く。数日前に降った雪で足元が危ないが、3カ所で江戸時代の伝統門松を見ることができた。この自由な発想と簡素な作りは素晴らしい。

94	駅名	植物名	訪れた時期
	秩父鉄道線 **野上駅**	バラ科 **ユキヤナギ**	2022年3月下旬

野《の》上《がみ》駅

山友達から３月の初めに、野上駅から歩いた宝登山の便りをもらった。自分も春の日差しに誘われて、ようやく重い腰を上げ、東上線経由で秩父鉄道に乗った。

２週間ほど前から、秩父鉄道も「ICカード」が使えるようになってしまった。野上駅は、寄居駅から3駅目、のんびりムードは健在だったが、車内の、英語の次駅案内は必要だろうか。駅前の桜は、もう少しで見頃となる。

ユキヤナギ（バラ科）

ユキヤナギは、この時期に雪のように咲いた大きな株を、庭先で見ることが多い園芸植物だが、自生の「ユキヤナギ」が、長瀞の銀色に輝く、石畳の岩の隙間に咲いているのを、何度か見たことがあった。

しばらくぶりに長瀞へ、今日も白い花は、そこここに咲いていた。春休みで陽気がいいので、平日

だが観光客は出ていた。岩畳に咲く、ユキヤナギの白い小さな花は、なかなかうまく撮れなかったが、春の日差しの今日一日、出てきて良かった。人間界は毎日ゴタゴタ続きだが、自然は素晴らしい。

オムライス

長瀞の帰りに、前から気になっていたオムライスのおいしい食堂へ直行。何年か前に見た「山の本」に下山後の打ち上げに良い店が紹介されていた。秩父鉄道の御花畑駅近く、店の名は「パリー食堂」。しゃれた店名だ。

店の建物は古く、古色蒼然となんて書くのは誠に失礼かもしれないが、かなりの年代物だ。秩父市の有形文化財に指定されている。この店の近くは、秩父神社の参道のような商店街で、年代物の建物が他にもあった。

オムライスの話だが、自分は今まで永井荷風さんにあやかりカツ丼だったが、これからはオムライスにしようと思う。

おいしいオムライスと秩父の地酒で乾杯

95	駅名	植物名	訪れた時期
	秩父鉄道線 **波久礼駅**	ユリ科 **カタクリ**	2022年4月上旬

波久礼《はぐれ》駅

駅名が気になっていながら、何年も通り過ぎていた秩父鉄道の波久礼駅に、ようやく降り立つ。何もない静かな無人駅で、駅裏まで山が迫っている。木造の古い駅舎だが、公衆電話と自販機を撤去し、きれいに整備をすればいい駅舎になると思う。駅の標高は110m。

駅名の由来はネットによると、この近くは岩が崩れやすく、鉄道工事に難航したらしく、そのあたりが駅名の由来のようだ。秩父は寺が多いので、宗教的な意味でもあるのかなと思ったが、そうではなさそうだ。

カタクリを探しに

カタクリを探しに、昭文社の奥武蔵・秩父の山の地図に「カタクリ」の記載を見つけた。波久礼駅から１時間少々歩くとカタクリの自生地がありそうだ。

武州日野駅前のカタクリ保護地で

駅裏に山が迫り「かんぽの宿・寄居」の脇を抜け、右手の方に下ったら、円良田湖に出てしまい戻る。尾根状のアップダウンの多い山道を1時間半ほど登る。

しばらく行くと、「この先、崩落のためカタクリの所までは行けません」という案内表示が出ていた、誠に残念。近くで小休止を取り戻る。カタクリは見なかったが、この時期ウグイスカグラが目立つくらいで、新緑はまだ芽吹き出したばかり、明るい静かな山道を久しぶりに歩いた。

後日、少林寺まで歩き、五百羅漢などの石仏をのんびり見たが、春蘭もカタクリも見なかった。駅まで戻り武州日野駅まで秩父鉄道に乗り、駅近くのカタクリの自生地を訪ねた。ここは現在カタクリの保護地になっているようだ。カタクリの繁殖力はすごく、駅の線路脇まで咲いていた。

シナモンロール

前の項で、オムライスのことを書いたが、しばらく、新型コロナの影響で、半年ばかり家でじっと、旅の本ばかりを見ていた。

大木茂氏の『ぶらりユーラシア』、福間恵子さんの『ポルトガル、西の果てまで』、益田ミリさんの『考えごとしたい旅、フィンランドとシナモンロール』などが心に残っている。

秩父鉄道の、誰もいない古いホームに、どかりと座り、次の列車を待ちながら、珈琲とシナモンロールを、この静かな時間は素晴らしい。春の陽ざしの温もりがようやく強くなり、寒がりジジイの身にしみる、ありがたい。

スーパーで買った、普通のパン屋さんのシナモンロールだが、安くて、大きくて、とてもおいしい

96

● 駅名
上信電鉄線
南蛇井駅

● 植物名
キンポウゲ科
オキナグサ

● 訪れた時期
2022年4月中旬

南蛇井《なんじゃい》駅

0番線は、上信電鉄の高崎駅

高崎駅で1010円の切符を買い、0番線ホームから下仁田行きの上信電鉄に乗った。50分少々で、線路脇に「オキナグサ」が咲く「南蛇井駅」に到着、上信電鉄線は初めて。沿線は、麦畑の向うに新緑の低い山が連なり、春の日差しがいっぱい。南蛇井駅で降りると、今年初めてのツバメを見た。

今回の南蛇井駅の訪問は、半年ほど前に、通勤のバスの中で挨拶を交わす方から、オキナグサが咲く南蛇井駅の、新聞の切り抜きを頂いたのがきっかけで、季節が到来し訪ねてみた。良く咲いている、赤紫の渋い花が見える、ホームから、線路わきの石の中に、素晴らしい。

オキナグサ

オキナグサ
（キンポウゲ科）

南蛇井駅のオキナグサは、地元の方が大切に育てた、かなりの本数のオキナグサだ、駅の線路の敷地内を埋めている。昔は近くの山にもあったようだが、現在は絶滅危惧種に指定されている希少植物。ここへ来れば、山に行かなくてもホームから見ることができる、キンポウゲ科のオキナグサ。翁草の名前のように、花が次々と銀髪に変わり揺れていた。

下仁田駅近く

下仁田ネギ

南蛇井駅でオキナグサを見てから、また上信電鉄に乗り終点の下仁田駅へ行くと、水量が多い川が駅近くを流れていた。駅近くを少し歩いた。下仁田ネギの畑を探したが近くには見えなかった。普通のネギと収穫時期が違うのかも知れない。下仁田は、ネギとコンニャクが名産のまわりを山に囲まれた、起伏の多い町のようだ。

この先、乗り継ぎの電車はなく、軽井沢方面へのバス便はあるのだろうか……。1時間ほど歩いたが、近頃は歩いてもすぐに疲れてしまい、知らない町を、もう少し歩きたい気持ちはあるのだが、足が付いてこない。また来ることを想い、上信電鉄で戻ってきた。年はとりたくない。

これは別な所で見たネギ畑、普通のネギのようだ

97

駅名
東武スカイツリーライン
一ノ割駅

植物名
アカネ科
ヤエムグラ

訪れた時期
2022年4月中旬

一《いち》ノ《の》割《わり》駅

波久礼駅、南蛇井駅、一ノ割駅と、３駅続けて面白い駅名が続いた。東武スカイツリーラインの一ノ割駅に初めて下車。駅の開業は大正15年。鉄道が開通するまでは、利根川の水運が移動の主流だったようだ。

雨を心配して迷っているうちに昼を過ぎ、やっと到着した。雲が低く今にも降り出しそうな空模様。大落古《おおおとしふる》利《と》根《ね》川《がわ》の遊歩道を1時間ほど歩いた。

ヤエムグラ（アカネ科）

帰化種の白い花を付けた「シラホシムグラ」を、一ノ割駅から歩いた、歩道脇のツツジの植込みの中で見つけた。旧利根川の土手には在来種のヤエムグラが少し見えるだけだった。

八重むぐら　しげれる宿のさびしきに……

百人一首のヤエムグラの歌。ヤエムグラは人家に近い荒地や空地、湿地に、ぼさぼさと伸び放題に生える、あまりいい印象の少ない野草だっ

帰化種のシラホシムグラのようだ

た。百人一首の説明によると、ヤエムグラは一本の植物を指すのではなく、貧しい状況を表すときの植物の総称のようだ。

子供の頃の我が家のまわりは、ヤエムグラもカナムグラもヤブカラシも茂っていた。子供心にもヤエムグラの生えるような貧しい家には住みたくないと思った。あのザラザラが足に付き、遊んで帰ると、いつも痒かったのを覚えている。

ハナヤエムグラ

ハナヤエムグラ

自宅には、長い人生に疲れた高齢者が2人。使い古しの生活用具にうずくまり、新型コロナにおびえ、今日もまた、カラ元気を出し、窓の外を眺めている。

バラ色の人生も、枯れ葉色にかわり、ほんの少しだけ残っているのは、道端の雑草を見たい心だけ。先日、所沢の道端で、ハナヤエムグラを見つけた。これはヤエムグラの仲間の帰化雑草だが、小さなピンク色の可愛い花だった。

大落古利根川は、一ノ割駅から500ｍほど、流れがゆるやかで湖のようだ

98	駅名	植物名	訪れた時期
	西武多摩湖線 **多摩湖駅**	ハマウツボ科 **ヤセウツボ**	2022年5月中旬

多摩湖駅

しばらくぶりで降りたら、駅名が変わっていた。旧駅名は西武遊園地駅。遊園地の入場口がひと駅先に変わったので駅名も変更。ネットによると、以前にも、この駅名の時代があったようで、2021年の3月から、42年ぶりに旧駅名に復活したと出ている。

歩き出したら、雨がぱらついてきた。晴れているのだが、狐の嫁入りとでも、いうのかも知れない。

五《ご》風《ふう》十《じゅう》雨《う》の味わい

狭山湖のほとりに、都知事だった石原慎太郎さんが書いた石碑がある。「五風十雨」とは、五日ごとに風が吹き、十日ごとに雨が降る、これは気候が穏やかで、世の中が平穏無事であるたとえ。

現実の天候は極端に移行し、世の中は、新型コロナも戦争も治まらず、暗いニュースが続く毎日だ。8年前まで、多摩湖と狭山湖の近くに、20年ほど暮らしていた。時折、この長い堤防を歩きながら、つまらぬことを考えていたこともあった。なつかしい。

ヤセウツボ（ハマウツボ科）

帰化植物の「セイヨウヒキヨモギ」をネットで見て、探しに来たのだが、今のところは見つからない。同じ仲間のヤセウツボが目立つので今回は「ヤセウツボ」を書こう。ヤセウツボは、地中海沿岸原産の帰化植物。1年草の半寄生植物。葉緑素なし。ときどき黄色の株も見かける。

ヤセウツボ、実にいい名前だ。葉もないようだ。花だけがヒョロヒョロと伸びて咲いている。自分のことを言われているようでおもしろい。多摩湖、狭山湖の堤防の斜面にはかなりの本数が見られる。地中海沿岸から遥々、何に紛れて日本に上陸したのだろうか。

ヤセウツボ

99	駅名	植物名	訪れた時期
	JR 京葉線 **南船橋駅**	ハマウツボ科 **セイヨウヒキヨモギ**	2022年5月中旬

南船橋駅

セイヨウヒキヨモギを探しに、南船橋駅に初めて下車と思ったが、かなり前に駅裏の谷津干潟を見に来たことがあった。京葉線は殆ど高架で海の近くを走り、車窓の眺めがいい。駅前は現在、何ができるのか、建設工事が進行中だった。

セイヨウヒキヨモギ（ハマウツボ科）

花の名前を覚えてから、実物の花を見るまでに２カ月ほどかかった。インターネットの情報通りに「南船橋駅前の草地でセイヨウヒキヨモギ」を見つけた。教えてもらえて、ありがたい。まだ咲き出したばかりで、ほんの数本、同じ黄色い花のブタナ、コウゾリナ、キンケイギク、ノゲシなどの野草と一緒に、道路脇の狭い所に咲いていた。

駅前の草地は、現在建設工事中で、この先いつまで咲いているのか、明日来てみたら、大型の建設機械で掘り返されているかも知れない、とてもあぶない状況だ。

セイヨウヒキヨモギは、地中海沿岸が原産地で、近年入ってきた帰化植物らしい。一緒に近くにも咲いているヤセウツボが同じ仲間で、どちらも半寄生植物。周りの植物に半分依存して生きている、楽な人生、見習いたい。

ヒキヨモギ（ハマウツボ科）

在来種のヒキヨモギを、2021年の8月に秩父鉄道の沿線で初めて見た。荒川の河川敷に近い、公園の保護地のような所で、黄色い花がもう終わりに近いが、何本か咲いていた。

絶滅危惧種のような野草なのだが、なんの注意書きも、立て札もなかったが、野草ではなさそうだ、どなたかが植えて管理されているのだろうと思う。ヨモギなどに寄生、葉がヨモギに似ているが、キク科ではない、不思議な植物。

100

● 駅名
伊豆急行線
伊豆急下田駅

● 植物名
ナス科
ニオイバンマツリ

● 訪れた時期
2022年6月上旬

伊豆急下田駅（海に近い終点駅）

伊豆急下田駅

しばらくぶりに、伊豆急下田駅に降り立つ、６月の始め、下田の駅前は南国の装い。駅から街中をゆっくり歩き、下田の名物寺、了仙寺に向かう。この前は2泊したが、今日は温泉にも入らず、日帰りの予定。

ニオイバンマツリ（匂蕃茉莉　ナス科）

下田の了仙寺の境内には、ニオイバンマツリがかなりの本数植えられている。今を盛りときれいに咲いていたのは5年前で、今日は殆どが散っていた。歩いた駅からの街路樹のあいだにもバンマツリが植わっていた。

了仙寺にはなぜ、ニオイバンマツリが多いのか、小さい鉢を一つ買って、お聞きしたら、これはアメリカの花で、5月の黒船祭りに毎年きれいに咲くように、手入れをしているそうだ。別名はアメリカンジャスミン。

ニオイバンマツリは、園芸用の庭木としてときどき見掛けるが、本数は少ない。2005年の５月に、宮崎の日南海岸近くの庭園で始めて見た。咲き始めはムラサ

これは、2005年5月、宮崎の日南海岸で初めて見た時のニオイバンマツリ

キで、白く変化するめずらしい花だ。

邪宗門《じゃしゅうもん》

珈琲の店「邪宗門」下田店に入り、おいしい珈琲で、ゆっくりするはずだったのだが、あいにくと今日はお休みだった。同名の店が下北沢、荻窪、高岡、小田原、石打、世田谷と、7店あるがチェーン店ではないそうだ。2015年2月の旅行読売の連載『旅する喫茶店』に出ていた。

白秋の名作、第一詩集『邪宗門』には植物の名前がいろいろと出てくる。あんじゃべいいる、林檎、あまりりす、ヘリオトロオプ、桐、罌粟、白楊、薔薇、なわすれぐさ、銀杏、胡桃、牡丹花、無花果、百合など。「ここ過ぎて……」で始まる『邪宗門』を、若い頃に読んで、なんだか分からなかったが、魅力的な詩集だった。

帰りは、ボーっと海を見ながら、特急で東京駅まで戻ってきた。しばらくぶりで、下田の港町ときれいな海を見た。

下田港
ペリー上陸記念碑

101	駅名	植物名	訪れた時期
	秩父鉄道線 **武州荒木駅**	キク科 **ヒメジョオン**	2022年6月上旬

武州荒木駅

熊谷駅から、秩父鉄道に乗り換えて５駅目「武州荒木駅」に着く。ホームからの眺めは、どこか遠い北国の秘境駅のようだ。ただし羽生駅の方角だけで、熊谷駅側は、すぐ近くに民家が見えてしまう。

秘境駅で有名な、牛山隆信氏の旅の本を何冊も見て、五能線や宗谷本線の秘境駅を訪ねて見たいと思っているのだが。なかなか実現しない。行かないでいると赤字路線が多いので、そのうち廃線になってしまうだろう。

ヒメジョオン（姫女苑　キク科）

武州荒木駅は、タクシーの無い駅なので、利根川まで4km 近くあるところを、往復歩いた。道はわかりやすく、運河のような見沼代用水の水路に沿って歩けば、利根川の堤防にぶつかる。今日も野草を見に行く。

5月の連休のときには、ナノハナ、タンポポ、ブタナ、コウゾリナなどの黄色い花が主流で、華やかだったが、今見える河川敷の花は、白い花が殆どで、さみしい。ヒメジョオンが多く、ハルジオンは見なかった。他にはシャクチリソバとヘラオオバコ、クローバーが少し咲いていた。

同じ仲間のハルジオンは、少し早く咲き出し、先に枯れてしまう。ヒメジョオンは、少し遅れて咲きだし、11月を過ぎても咲いている、花期の長い花だ。北アメリカ原産の帰化植物。

白い花の咲く頃

白い花が　咲いてた
ふるさとの　遠い夢の日……。

むかし聞いた名曲、白い花を見ると思い出す、なつかしい歌だ。

白い花は、コブシとハクモクレンが春早く咲き出す、近頃は5月の連休の頃に、公園などのヒトツバタゴとハンカチの木を、白くてきれいなので、見に行く人が多い。

6月は、白い花が多く咲く季節、この歌の「白い花」は何だろうか。アカシア、サンザシ、リラ、バラなどの白い花が思い浮かぶが、どこにでもある花で考えると、夢のある花ではないが、ヒメジョオンはどうだろうか。

家の近くでは、現在ドクダミの白い花が咲いているが、ドクダミの花では、歌にはむずかしいかもね……。みんなそれぞれに想う、自分の白い花が、あると思う。

102	駅名	植物名	訪れた時期
	江ノ島電鉄線 **由比ヶ浜駅**	**夏の花**	2022年6月下旬

由比ヶ浜駅

江ノ電の小さな駅、鎌倉駅から２駅。今日はここからゆっくりと、大仏の所まで古都鎌倉の街中を歩いた。今日は休日ではないのだがすごい人出だ、テレビの影響だろうか。裏道を探しながら歩く。

今日は暑い、梅雨はどこかへ消えてしまったようだ。古都の街に似合う、さわやかな夏の花はないかと、探しに来たのだが、ネムはもう終わりに近く、サルスベリはまだもう少し先だし、鎌倉の夏の花は、アジサイだけだろうか。

鎌倉大仏

鎌倉の大仏には、小学校の遠足以来、何度か見に来たが、この存在感は素晴らしい。今回の参拝券の裏を見ると、750年ほど前の鎌倉時代の創建で国宝。大仏を覆っていた大仏殿は２回も大風での倒壊と、立て直しを繰り返したが、その後はそのままになっているそうだ。

この大仏様は「阿弥陀如来」と出ている。阿弥陀如来は我々が死んで、三途の川で迷っている時に、地獄に突き落とさずに、極楽浄土へと導いてくれる、ありがたい仏様だそうだ。もう少しで、お世話になるので、今日は、しっかりとお参りをしよう。

ネム

ムクゲ

由比ヶ浜

由比ヶ浜駅からは海は見えない。大仏の帰りに駅から由比ヶ浜へ向かう。江ノ電の沿線を歩くのは楽しい。狭い道が交差した静かな住宅街、裏道には小さな和食処や、英語などのカタカナ語だけのカフェの案内も見えてくる。献立や料理の写真を見て、黙って通り過ぎる。

由比ヶ浜は、風が強く、砂が舞っていた。いつもの砂浜の草地に座り、珈琲タイム。まだ6月下旬なのに厳しい猛暑の毎日。疲れた。周りにはコマツヨイグサ、オシロイソウ、ツルナが少しだけ花を付けていた。

103

●駅名
JR山陽本線
鴨方駅

●植物名
トウダイグサ科
コバノニシキソウ

●訪れた時期
2022年7月中旬

鴨《かも》方《がた》駅

山陽本線の鴨方駅

天気の定まらない7月中旬、東京駅から一路関西へ、この頃ときどき、新幹線に乗り、何時間でもいいから、ボーとしていたい衝動に駆られる。

新型コロナの心配、金の心配、健康不安、猛暑の疲れ……その、あれやこれやを振り払い、新聞とパンと珈琲を買い、取りあえず、新大阪行きの「のぞみ」に、逃げるように乗り込む。

岡山駅で、山陽本線に乗換え4時間30分。このようなときのために取って置いたのが、山陽本線の鴨方駅。

あれは3年前

古い鴨方駅の写真

あれは3年前、名曲『喝采』の駅は、鴨方駅だという、面白い話をネットで見つけて、一度訪ねてみたかった。

鴨方駅は、近年建替えた2階建ての新駅舎できれいだったが、喝采の歌の場面では、平屋のエレベーターもエスカレーターもない昔の駅を見たかった。駅周辺をぐるりと回ったが、特別「『喝采』の歌の駅」という説明パネルや記念碑などは見当たらなかった。

旧駅舎の写真と、イギリスから輸入した古い線路のレールの実物が、駅舎の壁面に展示されていた。

コバノニシキソウ（トウダイグサ科）

鴨方駅前をウロウロして、気になっている、コバノニシキソウを探したが、見つからなかった。コバノニシキソウの分布は、『帰化植物図鑑』とネットによると、関東南部から、千葉、愛知、岡山、四国、沖縄。今回岡山なので探したのだがコバノニシキソウは見つからなかった。

岡山まで来たら、少々気分が晴れたので、次の日、鳥取まで足を延ばし、鳥取駅前も探したが、こちらも、コバノニシキソウは見当たらず、コニシキソウだけが元気だった。

この、「植物雑記」を、この項で終わりにしようと思います。ありがとうございました。

2013年に沖縄の北大東島で見たコバノニシキソウ

鳥取駅前で見たコニシキソウ

あとがき

駅名
JR 山陰本線
鳥取駅

鳥取砂丘で

何とも、この大きな砂山を前にして、引きずっていた、つまらん気持ちは、吹き飛んだ。雨に濡れながら、強い風に吹かれながら、しばらく黙って見ていた。

この大きな砂山の存在感は何だろうか。何億年もの時の積み重ねの結果だろうか、言葉を忘れた自分は、いつものように「素晴らしい」を連発するだけ。

鳥取駅には、岡山駅から「特急いなば」で約２時間、鳥取砂丘を見たいと、何十年も思っていたことが嘘のようだ。東京駅から「いい日旅立ち」の新幹線に乗るだけでいいのだが、なかなか……。帰りは「特急はくと」で静かな山村をいくつも通り抜け、姫路駅まで戻ってきた。

いよいよ

植物を見ながらの、旅に出ると、少々元気が出るのだが、埼玉に、じっとしていると「何もやりたくない」という大前提のようなものが、心の底から浮かんできてしまい、何も進まない。いよいよ、お迎えの時が、近いのかも知れない。

前置きが長くなりました。最後に、本書の制作には、今回も、株式会社幻冬舎ルネッサンス新社、編集部の皆様に、大変、お世話になりました。お陰さまで三冊目の、素晴らしい植物雑記が出来上がりました。

山散歩、海散歩、街散歩のお好きな皆様に、焼酎でも片手に、パラパラッと見て頂ければ幸いです。ありがとうございました。

2022年　9月　吉日

鳥取砂丘
砂丘の入口近くでは植物は極端に少なく、知っている植物は、ハマヒルガオ、コマツヨイグサ、コウボウムギくらいだった

参考資料

植物図鑑など

『週刊　朝日百科』（世界の植物）

『週刊　朝日百科』（植物の世界）

『西表島フィールドガイド』横塚眞己人著（人類文化社）

『大人の遠足BOOK 高尾・奥多摩植物手帳』（ＪＴＢパブリッシング）

『帰化＆外来植物　見分け方マニュアル950種』森昭彦著（秀和システムズ）

『江東区の野草』①②③（江東区）

『雑草手帳　散歩が楽しくなる』稲垣栄洋著（東京書籍）

『植調　雑草大鑑』浅井元朗著（全国農村教育協会）

『スキマの植物図鑑』塚谷裕一著（中公新書）

『スキマの植物の世界』塚谷裕一著（中公新書）

『高尾山の花と木の図鑑』菱山忠三郎著（主婦の友社）

『日本帰化植物写真図鑑』第1巻と第2巻（全国農村教育協会）

『日本の野生植物』Ⅰ、Ⅱ、Ⅲ（平凡社）

『日本の帰化植物』（平凡社）

『日本野生植物館』（小学館）

『日本一の巨木図鑑』（文一総合出版）

『花屋さんの花　カラー図鑑』（西東社）

『ハワイ魅惑の花図鑑』武田和男著（書肆侃侃房）

『新版　北海道の花　増補版』（北海道大学図書刊行会）

『まちの植物のせかい』鈴木純著（雷鳥社）

『野草図鑑』①～⑧巻　長田武正著（保育社）

『山渓ポケット図鑑』「春の花、夏の花、秋の花」（山と渓谷社）

『山渓ハンディ図鑑』「①野に咲く花」増補改訂新版（山と渓谷社）

『山渓ハンディ図鑑』「③④⑤樹に咲く花』（山と渓谷社）

『山渓ハンディ図鑑』「⑪日本の野菊』（山と渓谷社）

『山渓ハンディ図鑑』「⑭樹木の葉』（山と渓谷社）

『ヤマケイポケットガイド』「21野菜・果物」（山と渓谷社）

『野草のロゼットハンドブック』亀田龍吉著（文一総合出版）

『琉球弧・野山の花』片野田逸朗著（南方新社）

鉄道関連の本

『週刊鉄道の旅』（講談社）
『週刊歴史でめぐる鉄道全路線』No.15（朝日新聞出版）
『北海道鉄道駅大図鑑』本久公洋著（北海道新聞社）
『西武新宿線』（彩流社）
『西武池袋線』（彩流社）
『JR中央線』（彩流社）
『山手線』（彩流社）
『秘境駅の歩き方』（ソフトバンク新書）
『地図にない駅』牛山隆信著（宝島社新書）
『駅旅入門』杉崎行恭著（JTBパブリッシング）
『えきたの　駅を楽しむ』伊藤博康著（創元社）
『終着駅』（自由国民社）
『珍駅巡礼2 私鉄篇』西崎さいき著（イカロス出版）
『木造駅舎紀行200選』杉崎行恭著（山と渓谷社）
『東武鉄道各駅停車』杉崎行恭著（洋泉社）
『旅と鉄道　2020年11月号』（天夢人）
『廃駅ミュージアム』笹田昌宏著（実業之日本社）
『海の見える駅』村松拓著（雷鳥社）
『東京の鉄道名所さんぽ100』松本典久著（成美堂出版）
『南武線、鶴見線、青梅線、五日市線』山田亮著（アルファベータブックス）
『東武鉄道』牧野和人著（アルファベータブックス）

その他

『西東三鬼全句集』（角川ソフィア文庫）
『北原白秋 新潮日本文学アルバム』（新潮社）
「石川啄木　漂泊の詩人」『別冊太陽195日本のこころ』（平凡社）
『インターネット情報』『広辞苑』『旅行読売』『各種時刻表』『各種地図帳』
『宮沢賢治詩集』中村稔編（角川文庫）
『サガレン』梯　久美子著（角川書店）
『やっさもっさ』獅子文六著（ちくま文庫）
『台湾、ローカル線、そして荷風』川本三郎著（平凡社）
『週末さんぽ旅Best！　首都圏版』（ぴあ）
『金子光晴、ランボーと会う』鈴村和成著（弘文堂）
『マレー蘭印紀行』金子光晴著（中公文庫）
『新潮日本文学アルバム』金子光晴著（新潮社）
『現代詩文庫　金子光晴詩集』（詩潮社）
『まばゆい残像　そこに金子光晴がいた』小林紀晴著（産業編集センター）
『本の雑誌』（本の雑誌社）

駅名索引

植物名索引

※文章や写真は訪れた当時のものです。

〈著者紹介〉
井野上 一寿（いのうえ かずひさ）
1941年　東京都生まれ
1961年　工芸高校卒業後、大道具製作会社勤務。
1974年　自営の工芸屋を始める。
2017年　植物雑記Ⅰを上梓。
2020年　植物雑記Ⅱを上梓。

趣　味　道端の雑草研究。

JASRAC 出 2210210-201

植《しょく》物《ぶつ》雑《ざっ》記《き》　ひと駅《えき》、一草《いっそう》。Ⅲ
—駅《えき》から、知《し》らない町《まち》へ。—

2023年5月31日　第1刷発行

著　者　井野上一寿
発行人　久保田貴幸
発行元　株式会社 幻冬舎メディアコンサルティング
〒151-0051　東京都渋谷区千駄ヶ谷4-9-7
電話　03-5411-6440（編集）
発売元　株式会社 幻冬舎
〒151-0051　東京都渋谷区千駄ヶ谷4-9-7
電話　03-5411-6222（営業）
印刷・製本　シナジーコミュニケーションズ株式会社
装　丁　弓田和則

ISBN978-4-344-94332-2　C0026
幻冬舎メディアコンサルティングHP
https://www.gentosha-mc.com/